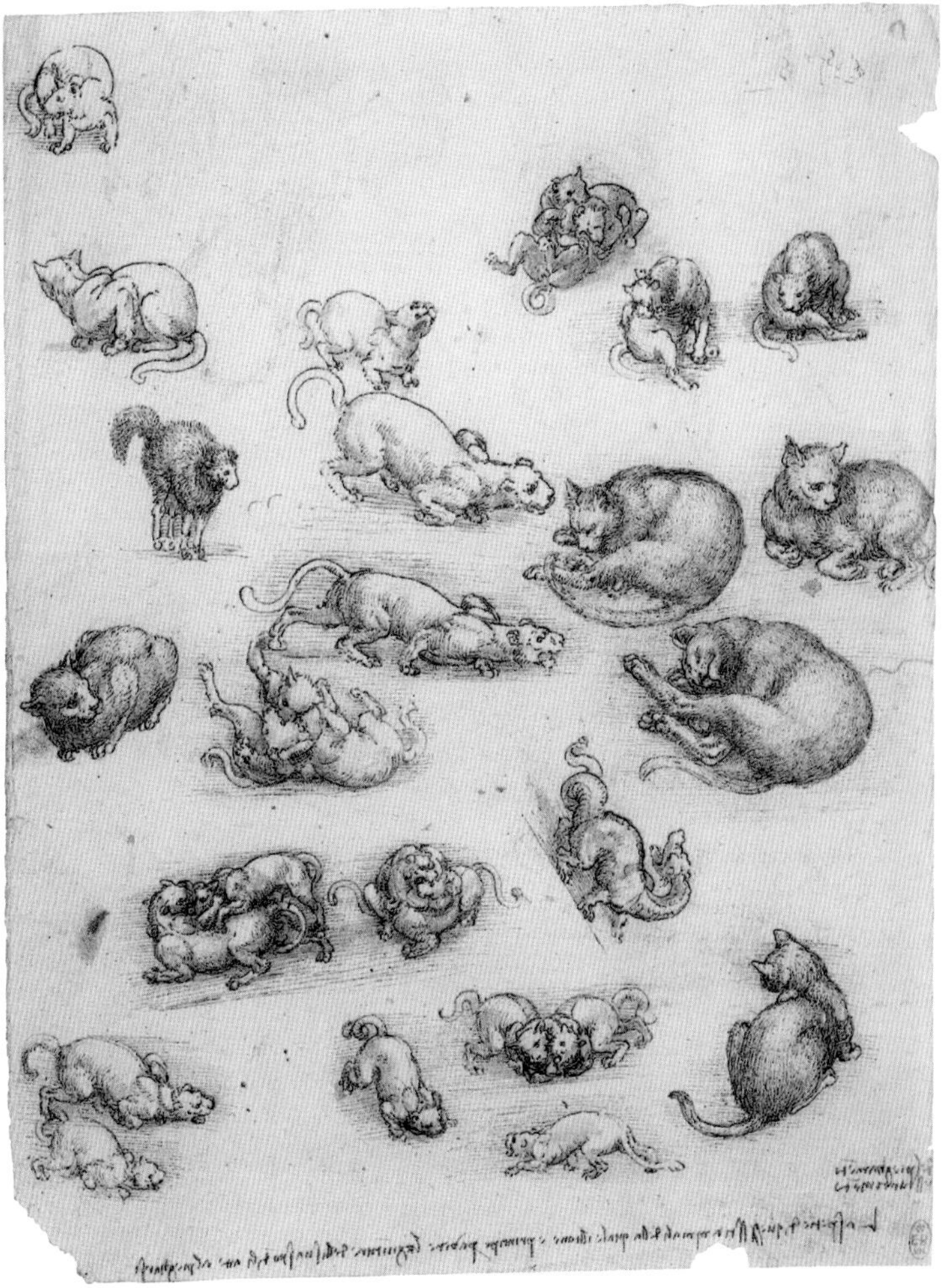

レオナルド・ダ・ヴィンチ［1452〜1519年］による猫のスケッチ。さまざまな動きや姿勢を捉えている（1510年代頃）。

古代エジプトの官吏ネブアメンの墓に描かれた壁画。妻子とともに狩りをするネブアメンの傍らに、猫がいる（紀元前1360年頃）。

中国、宋時代の掛け軸『富貴花猫軸』
（作者無記名）。墨絵に着色。

江戸時代、歌川広重〔1797～1858年〕による浮世絵『名所江戸百景　浅草田甫《たんぼ》酉《とり》の町詣』。遊郭の窓から猫が外を眺める。尾の短いものが多いのが日本猫の特徴。

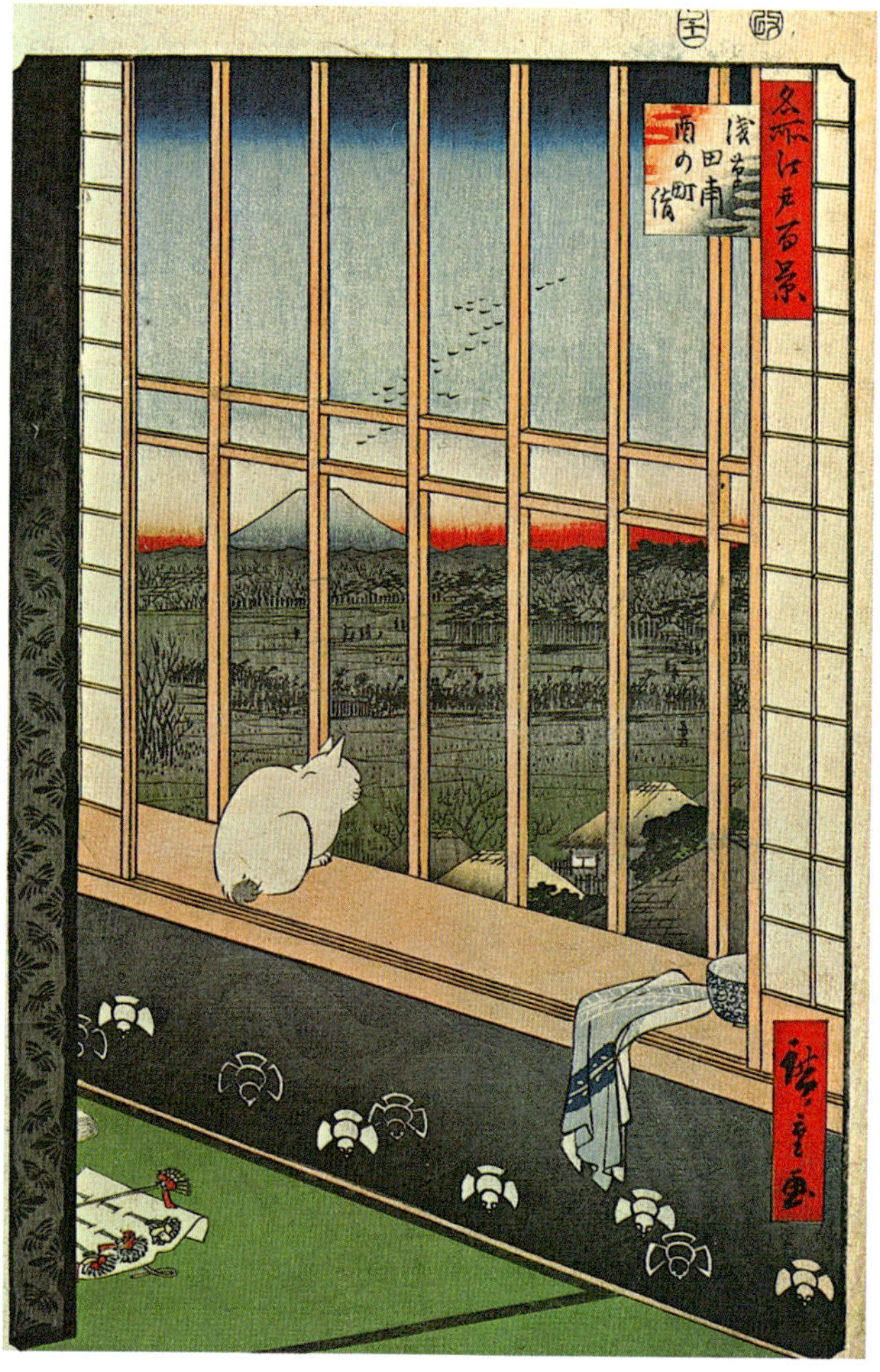

ジュリオ・ロマーノ［1499～1546年］『猫の聖母』（1523年、画板に油彩）。マリアとその母である聖アンナ、洗礼者ヨハネが幼子イエスを見ている隙に、猫が食べ物を狙っている。

フランスの画家ルイ・ウジェーヌ・ランベール［1825～1900年］の油彩画『ランベール夫人のお菓子』。いたずらな子猫の情感がいかにも19世紀的。

タイに伝わる『猫詩集』の19世紀の写本に描かれた猫。
上｜縁起のよい猫
「Kao Taem（9つの点の意）」。足の模様が特徴的。ヨーロッパではこれが『長靴をはいた猫』のもとになった。
中上｜縁起のよい猫
「Whichian Mat（月のダイアモンドの意）」。タイには他にもいろいろな猫がいるが、これがシャム猫（タイの猫という意味）としてヨーロッパに紹介された。
中下｜縁起の悪い猫
「Thupphalaphat（弱さ、障害の意）」。魚を盗んで意気揚々としている。
下｜縁起の悪い猫
「Pisat（悪魔の意）」。自分の子供をむさぼり食っている。

フランスの画家ジャン＝バプティスト・ペロノー〔1715～83年〕『猫を抱く女性』(1747年、カンバスに油彩)。猫も女性も貴族然とした気位を感じさせる表情をしている。

歌川国芳［1798 ～ 1861年］による浮世絵（1840年頃）。悦に入った旦那風情の雄猫と、物腰柔らかで、かつ狡猾な表情を浮かべる着物を着た猫。どれも人間的であると同時に、実に猫らしいとも言える。

イタリアの画家フランチェスコ・バッキアッカ[1494～1577年]『猫を抱いた若い女性の肖像』(1525年頃、カンバスに油彩)。挑発するような視線の女性と同じような表情をした猫が印象的

イタリアの画家ジョヴァンニ・ランフランコ[1582～1647年]『寝台で猫と戯れる裸の男』(1620年頃)。娼婦のようなポーズをとる男性と、それをそそのかすような猫が描かれている。

フランスの印象派の画家ピエール＝オーギュスト・ルノワール［1841～1919年］『若い女性と猫』（1882年頃、カンバスに油彩）。

アメリカの画家セシリア・ボー［1855～1942年］
『シータとサリータ』（1921年頃、カンバスに油彩）。

アメリカの雑誌『ハーパーズ・マガジン』の
表紙(1896年)。猫が裕福な生活を彩るアク
セサリーとして扱われている。

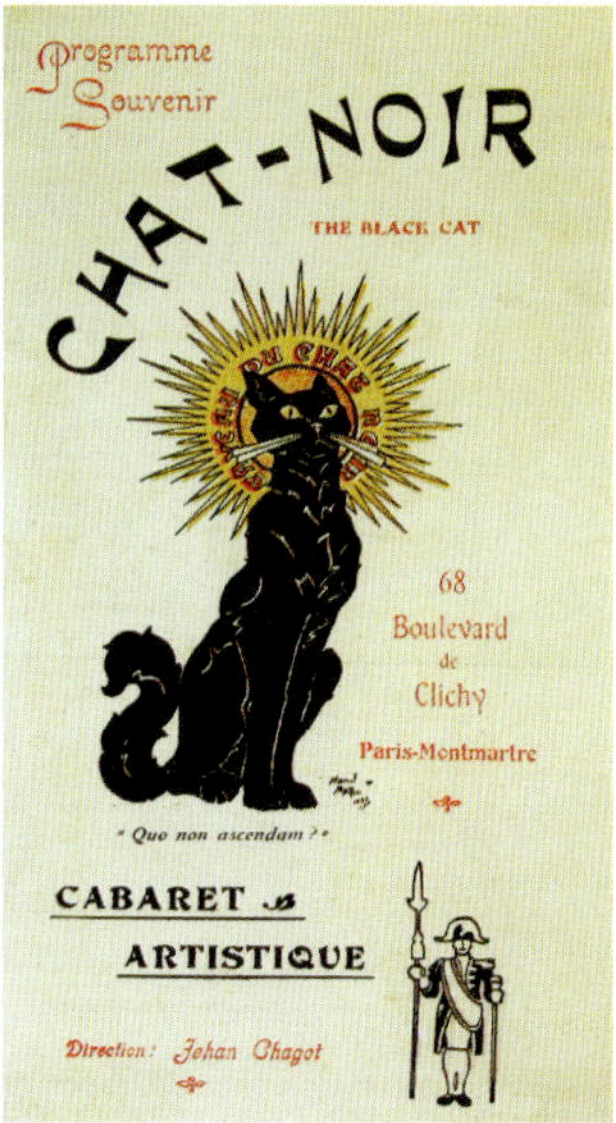

上｜パリでつくられた「デュボネ」という酒［食前酒として飲まれることが多い］の広告（1895年頃）
下｜音楽や劇などさまざまな演目で多くの芸術家たちを集めたパリのキャバレー「シャノアール（黒猫の意）」のプログラム（1915年頃）。

猫は相反するさまざまな面を見せる。フランスの画家ポール・ゴーギャン［1848～1903年］による水彩画『猫と頭部のスケッチ』（1897年頃）。

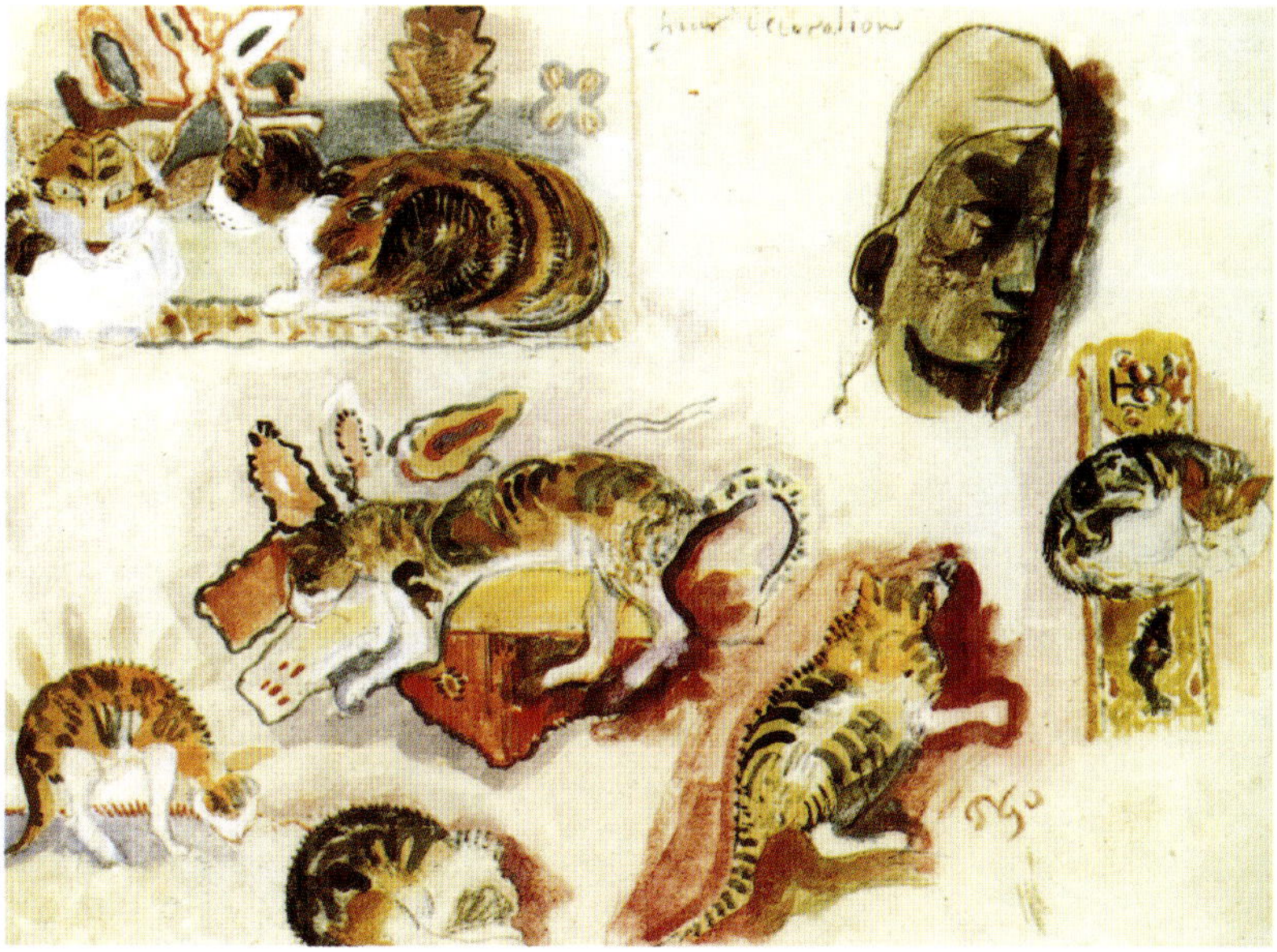

ピエール＝オーギュスト・ルノワール
『ゼラニウムと猫』(1881年、カンバスに油彩)。

猫の世界史

CAT

KATHARINE M. ROGERS

キャサリン・M・ロジャーズ
渡辺 智〈訳〉

X-Knowledge

CAT 

by Katharine M. Rogers was first published by
Reaktion Books in the Animal series, London, UK, 2006

Japanese translation published by arrangement with
Reaktion Books Ltd through The English Agency (Japan) Ltd.

デザイン｜アルビレオ

翻訳協力｜株式会社トランネット

CONTENTS

＊本文中の[ ]は、訳注をあらわす

Ⅰ章

ヤマネコからイエネコへ

人間が世に現われた頃、その目に動物たちはどう映っていただろう。生活上は、襲ってくるものであり、逆に襲って食べるものであり、食べ物を取り合うものだった。しかし同時に、動物は心を捉えて離さない存在でもあった。その圧倒的な力とスピード、鋭敏な感覚や滑らかな動きに魅了された人類は、旧石器時代後期、絵を描くことを覚えると、洞窟の壁に、大きな動物を狩る様子を描いたのだった。また、動物の魅力は、身体的なものだけではない。人間と同じような心の動きを動物の中に見出し、私たちは共感を覚える。しかし、本当に心を通い合わせるとなると、動物はいまだ遠い存在だ。

ただ、歴史上、その距離がぐっと縮まったことはある。約一万四〇〇〇年前、人間が動物——最初は犬だった——を飼いならすようになったとき、動物は友人のように愛情を持って接する存在にもなった。もっとも、これは良い面ばかりではない。動物が道具として制度の中に組み込まれ、搾取されるようになったのも、また事実である。どれだけ可愛がろうとも、結局は、人間は動物たちを自分たちの都合の良いように扱い、多くはそのことに疑問すら抱かない。

そうして動物と身近に接していると、人間はどうしても自分たちの視点で動物のことを解釈してしまう。そして動物に不利な象徴表現が生まれていった（人間がつくるのだから人間の不利にはなりようがない）。自分の中にある認めたくないような本能を、人間は動物に投影し、その結果、犬は煩悩を、豚は強欲を、ヤギは好色を表すようになった。ロバは間抜けな頑固者と言われるが、これは飼い主の言うとおりに仕事をしないことがあるからだ。犬はずいぶん可愛がられたほうだが、それでも結局は、強いものに付き従うものを表すのに使われるようになった。「犬」と言うとそれだけで罵りになる。「犬死に」や「犬も食わない」などの表現から、人間は犬を、仲間とはいえ自分たちよりも劣った存在として捉えていたことが分かる。[*1]

その点、猫は上手いことくぐり抜けてきたと言える。飼い慣らされるようになった動物としては最後のものになるが、もともとの目的はネズミ捕りだった。猫としても好きでやっているのだから、それは搾取ではない。象徴としては、色欲を表すのに使われるが、それもどちらかというと性的魅力を表すことのほうが多い。その自由気ままな振舞いからも、犬の場合のように「飼ってやっている」という優越感を人間に持たせることはなく、逆に神秘的な存在として尊重されるようになったのである。

一方で猫は、虐待の対象にもなった。中世から近世にかけて、猫は悪魔と共謀しているとの迷信が生まれた。といってもこれは明確な思想というよりも、後づけの口実という面が強かった。苛める動物が欲しいと思えば、猫は手頃な存在だったのだ。まず、すぐに捕まえてくることができる。また、犬であれば仲間を苛めるような罪悪感があるが、猫にそれはない。豚や牛のように、肉になったり労働力になったりするわけでもない。そういったわけで、組織だってやるにせよ、個人が思いつきでやるにせよ、猫は虐待の対象として便利に用いられた。

年中行事の中で、悪を追い払う儀式として猫が生きたまま焼かれるということが、多くの地域で行われた。『マザー・グース［イギリスで古くから伝承されてきた童謡の総称］』には、二匹の猫が殺し合うさまをユーモラスに謡う童謡がある。これは、アイルランドのキルケニーで、暇をもてあました兵士たちが猫の尻尾と尻尾を結んで、逆さ吊りにして遊んだことがもとになっている。逃れようと互いに激しく引っ掻き合う姿を見て楽しんだのである。一七三〇年代のパリでは、印刷所の見習い工たちが主人に歯向かう代わりに、猫を虐待したという記録もある。この頃、猫は役に立つ動物から単なるペットへと移行していく過渡期にあった。見習い工たちは、主人が自分たちより猫を優遇するのに我慢ならなかったのだろう。主人の妻が溺愛する猫を手始めに、近所中の猫を縛り上げ、仰々しく絞首刑に処したのだ。

猫が愛すべきペットとして広く可愛がられている現代からすると、なんと酷薄な、と思われるかもしれない。しかし、猫が犬と肩を並べて、家族と同等の地位を得るようになったのは、たかだかここ三世紀くらいのことだ。同じことでも見方が変わったのだ。神秘性も魔性も、憎悪の対象から、心温まる魅力として語られるようになった。人間に従わないのも、「役に立たない」ではなく、今では「誇り高い」「自立している」と解釈されている。

猫がたどった進化の歴史

古生物学的に猫の歴史をたどると、約六五〇〇万年前、さまざまな哺乳類が現われた新生代の初期、暁新世《ぎょうしんせい》［六五〇〇万年前から現在に至る地質時代を新生代と言い、暁新世はその最古の時代区分。その直前、中生代白亜紀の末期に恐竜が絶滅した］に行き着く。猫は食肉目に属するが、その始祖はミアキスという動物だった。体長は約二〇センチで、イタチ科のテンのような体をしており、樹上に棲んでいた。食肉目の特徴として、裂肉歯《れつにくし》と言う、はさみのように対になった、骨から肉を切りちぎる臼歯がある。ミアキスには、裂肉歯以外の臼歯もあったことから、雑食性だったと考えられている。ミアキスなどの食肉目の動物に先立ち、肉歯目という動物たちが、二五〇〇万年にわたって最強の捕食哺乳類として君臨していた。肉歯目にも裂肉歯はあったが、その機能性の面では後発の食肉目に劣っていた。より適応力に優れたミアキスたち食肉目にその地位を譲り、肉歯目は絶滅に至ったのだろう。

約三〇〇〇万年前になると、ミアキスの系統からプロアイルルス（学名：*Proailurus*）という動物が現われた。猫と呼べる最初の動物である。体重は約九キログラムで、今で言うと、マダガスカルにいるフォッサという動物（ジャコウネコの仲間。敏捷で、枝から枝へ跳び渡りながら狩りをする）のような格好をしていた。現在の猫と比べると、歯の数は多いが、脳のつくりは単純で、視覚や聴覚、四肢の動きをつかさどる部分はまだあまり洗練されていなかった。

その子孫であるプセウダエルルス（学名：*Pseudaelurus*）（二〇〇〇万年前）は、歯の構造ではだいぶ今の猫に近づいたが、胴がまだ長く、猫というよりジャコウネコのようだった。地上よりも主に樹上で過ごしていたのも今の猫と違う点である。その後、プセウダエルルスは二つの系統に進化していった。その一つであるネコ亜科が現在のネコ科動物すべての祖先となる。もう一つの系統はサーベルタイガー［中型から大型。巨大な犬歯が特徴］である。

五〇〇万年ほど前の更新世［新世代の第四紀の前半。約二五八年～約一万一七〇〇年前の期間］には、これら二つの仲間がユーラシア、アフリカ、北アメリカ大陸全域に分布していた。

サーベルタイガーのほうは、大型のネコ科動物が栄えた最初の例であり、中新世［新世代の新第三紀の前半］に絶頂期を迎えたが、完新世［新世代のうち、最も新しい時代区分］に絶滅してしまった。約一万年前のことだ。サーベルタイガーは、屈強な体で大型の動物を捕食していたと考えられている。硬い皮膚をものともしない犬歯で、獲物の喉を貫いて殺したのだろう。しかし四肢は短く、敏捷性には欠けていた。新たに登場してきた足の速い草食動物たちに上手く対応したほうが生き残ったというわけだ。ただ残念なことに、現在のネコ科動物について、その進化の歴史を種ごとに詳しくたどっていくことはできないのが実情だ。特に、現在のイエネコの祖先となる小型のものについては、解明するのが非情に困難である。彼らの生息場所である森林では、動物が死んでも化石として残りにくいのだ。乏しい資料からすると、現在いるネコ科の動物はすべて、ここ一〇〇〇万年のうちに現われたらしい。オオヤマネコは三〇〇〜四〇〇万年前、ピューマは三〇〇万年前、ヒョウは二〇〇万年前、そしてライオンが七〇万年前だ。ヨーロッパヤマネコの現在見つかっている最古の標本は、二〇〇万年前のものである。[＊2]

食肉目に属する動物はたくさんいるが、ネコ科はその中でも完全に肉食に特化した唯一のもので、ほかのものは口にしない。そのため犬歯と裂肉歯が特によく発達しており、ほかの歯は申し訳程度についているに過ぎない。捕食動物として非常に優れた能力を持つが、その第一の要因に、筋肉質でありながら柔軟性に富んだ体がある。何より背骨が柔軟で、急な体勢の変化にも瞬時に対応できる。また、バネのように反りと返りを繰り返し、その反動が高速での走行を可能にする（その分エネルギーを消費するので、イヌ科や有蹄類《ゆうているい》［ウシャウマなど、蹄のある動物の総称］のような持久力は持ち合わせていない）。高性能の爪と歯も、狩りには重要だ。鋭い爪は磨り減らないように、使わないときは格納して、獲物に音もなく忍び寄っていく。いざ跳びかかるときには、筋肉と靭帯の動きによって指が開き、爪が出てきて、足は鉤《かぎ》道具と化す。さらに、それを使って獲物によじ登り、喉元にしがみつくと、強い顎の上下についた長い犬歯を突き立てる。その狙いは実に正確で、小型の猫が小さな動物を襲う場合であっても、頚椎《けいつい》と頚椎の間をぬって、確実に脊髄《せきずい》を刺す。脊髄を寸断された獲物は、瞬時にして抵抗する能力を失う。このとき、ネコは鋭敏な神経機構も働いており、神経の通った犬歯が、歯の立てる位置を知覚すると、顎の筋肉が即座に収縮するようになっている（イヌ科の動物の場合、狙いはそこまで正確ではないが、その代わり、骨を砕くことができる。逆に言うとネコの歯にその機能はなく、肉を切り取ることしかできない）。

猫は夜に狩りをする。それに特化した目は、人間が見える限界の光の量を、さらに六分の一にした状態——私たちにはほぼ闇だ——でもちゃんと見える。それでいて、日中に強い光を浴びて目を傷めることもない。この秘密は瞳孔にある。伸縮性に富んでおり、明るいところでは線のように細くなっているが、暗いところでは大きな目のほぼ全体を占めるほど拡張するのだ。では、まったく光がなかったとしたらどうか。それでも聴覚をたより

ヨーロッパヤマネコの一亜種。アフリカに生息している。

に進むことができる。耳はレーダーのように動き、小さな物音からでもネズミがどこにいるのか特定することができる。嗅覚も鋭く、人間の三十倍以上鼻がきくと言われている（それでも犬には敵わない）。さらに触覚も猫にとっては重要で、皮膚でなくても、毛先に何かがちょっと触れただけで知覚できる。特にヒゲは敏感で、獲物に跳びかかる際には、前方に張り出て、犬歯を刺しこむ位置を特定するのに役立つ。[*3] 猫はこのような熟達のハンターぶりで、生息域をオーストラリアと南極以外のすべての大陸へ、またたく間に広げていった。その中でも、さまざまな環境に適応し、山地、砂漠、森林、湿地、サバンナとあらゆるところに猫の仲間が棲みついた。

ヨーロッパヤマネコ（学名：*Felis silvestris*）は、ユーラシア、アフリカ大陸全域に分布している。たいていは獰猛で人間に懐くことはないが、北アフリカに棲む亜種のリビアヤマネコ（学名：*Felis silvestris libyca*）は例外的におとなしく、人懐っこいので、人間に飼われるようになった。

ネコ科の動物は、トラからイエネコにいたるまで、体の特徴も習性も実によく似ている。どの体も優美なラインを描き、それを無駄なく滑らかに使って狩りをする。暗いところを好み、基本的に単独で行動する。そんな姿に人間は魅了されて、さまざまな文化圏で猫は崇拝の対象となった。言うまでもなくライオンは「百獣の王」として、西洋では威厳と度量の象徴である。極東ではトラが、南アメリカではジャガーがそれに相当する。大型の猫を知らなかった古代のゲルマン部族では、ヨーロッパヤマネコが勇気の印として用いられていた。

古代エジプト人に愛された猫

古代のエジプトでは、猫はミウまたはミイと言われていたが、その最古の記録は紀元前二〇〇〇年だ。ということは、この頃には猫はすでに、エジプトの家で穀物を荒らすネズミを退治していたと考えられる。もともとエジプト人は動物好きなので、猫もすぐにペットとして受け入れたのだろう。猫がほかの動物と違うところは、飼いならされるようになっても、以前とあまり変わらなかったことだ。オオカミは人間と暮らすようになると、間もなく犬になった。猟犬、番犬などと、人間の用途に応じる形に変わっていったのだ。猫の場合、飼われるようになっても、やることは相変わらずネズミ捕りである。何か変わったとすると、野生時より少し小さくなったこと、毛皮の模様や毛の長さが多様になったこと、繁殖サイクルが早まり、年に一回ではなく二、三回、子を産むようになったことが挙げられる。また、社会性もやや高まったと言える。家での生活に適応するようになったと同時に、近所の猫たちと共同の縄張りの中で、日常的に顔を合わせるようになった。成長しても幼さを残すようになったのも変化の一つだ。じゃれ合って遊んだり、生まれたねぐらに執着したり、自分より大きな動物(イエネコの場合は人間)に擦り寄ったりということは、ヤマネコの場合は成長とともにしなくなるものだ。そういった変化はいくつかあったものの、基本的にやはり猫は猫、独立独歩の肉食動物であることに変わりはない。動物学者のロジャー・テイバーは、一九八三年に、猫のことを「イギリス最強の捕食動物」であると言った。イエネコが野良猫になると、たちまち野生の獰猛さを取り戻し、自分の餌をちゃんと自分で取るようになる(これが野良犬とは違うところだ)。そうしてネズミやウサギ、鳥といった動物の数を減少させてしまうこともある。狐や猛禽類[タカ目とフクロウ目の鳥の総称]といった小型の肉食動物にも勝るほどハンターとしての能力があるのだ。[*4]

紀元前一四五〇年くらいになると、エジプトでイエネコが墓場の壁画に描かれるようになる。描かれるのは主に晩餐の場面で、お気に入りの場所は今と同じ家具の陰、それも夫

エジプトの古代集落デールエルメディーナの墓に描かれた壁画。猫の姿をした太陽神ラーが、ヘビの姿をした悪魔アポピスを退治している。

人の椅子の下で魚を食べていたり、つながれた紐をじゃまそうに引っ掻いたりしている。ネブアメンという官吏《かんり》（役人）が自身の墓に描かせたのは、妻と娘、そして猫と共に湿地で狩りをしている場面だった。理想の家族像といった光景だが、きっとこれが彼の一番の思い出だったのだろう。水面には魚、空には鳥がたくさんいて、猫は鳥を三羽捕らえている［口絵2頁］。

エジプトでは、ほかの動物と同じく、猫も神格化され、女神バステトは猫の姿をとるようになった。優雅な姿、雄を求める声、子育ての様子、家でくつろぐ様などが豊穣の母神、家の守り神のイメージと結びついていったのだろう。バステトは元々、ブバスティスという町の土着の神だった。それが国の女神として祭られるようになったのは、紀元前九五〇年頃のことだ。二二代王朝の創始者がブバスティスを首都にしたことによる。以

エジプト新王国時代(紀元前1570年頃〜1070年頃)の壁画。猫がガチョウの群れを率いている。

降、バステトは、きちんと座った猫の姿、あるいは猫の頭をした女性の姿でエジプト中に広まっていった。猫の座り姿を頭に描いてもらいたい。尾を後ろ脚のところできれいに巻き、くつろぎながらも媚びることなく毅然とした姿には、何か神々しいものがあると言えるのではないだろうか。

猫は身近な存在であるため、バステトは大衆にも親しみやすい神でもあった。ギリシャの歴史学者ヘロドトスが、紀元前五世紀にエジプトを旅したときの記録にも、そのことが書かれている。ブバスティスの町にあるバステトを祭る寺院は、エジプト国内で最も魅力的であり、そこで行われる年に一度の祭りも、国内最大の盛り上がりを見せるというのだ。四月または五月、ぎゅうぎゅう詰めのボートに乗った男女が大声で猥雑な歌を謡いながら川を上り、ブバスティスにたどり着いたら、そこは飲めや歌えの大騒ぎだったと記している。

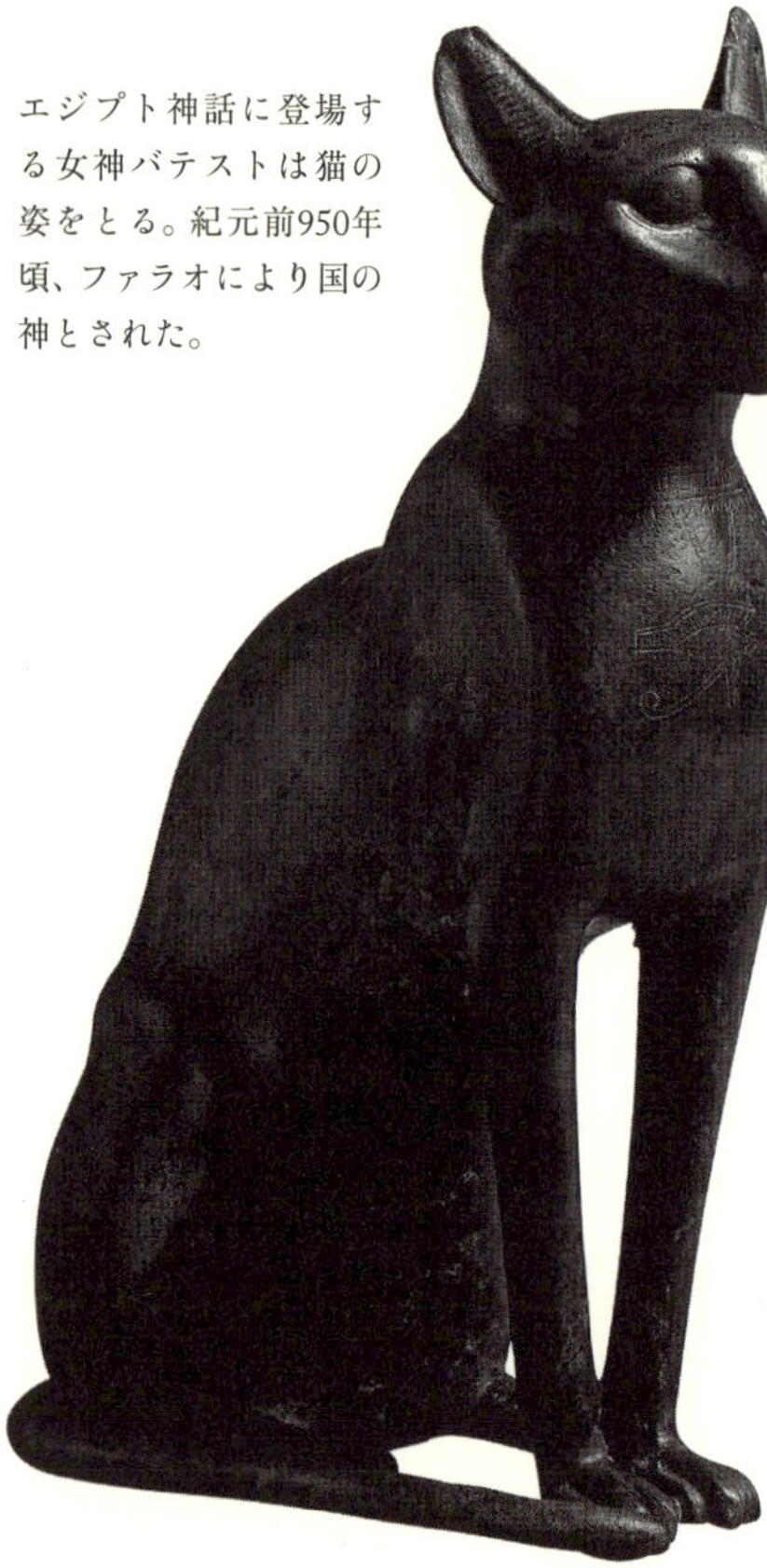

エジプト神話に登場する女神バテストは猫の姿をとる。紀元前950年頃、ファラオにより国の神とされた。

エジプトでは、猫をミイラにすることもあった。プトレマイオス朝時代（紀元前306～30年）のもの。

ただ、バステトがエジプトで最も重要な神だったわけではない。後世の愛猫家が祭り上げただけで、牛やジャッカルなど、もっと地位の高い神もいたのである。

それでも、古代エジプト人が猫を単にネズミやヘビを退治する目的だけで飼っていたわけではなく、ペットとして大切にしていたのは明らかだ。めでたいときは猫も家族と喜びをともにし、猫が死んだときには家族全員が喪に服した。それに、ほかの民族の場合、猫を飼っていても、その存在に何かしら不快で邪悪なものを見出すことが多かったが、エジプトではそのようなことはなかったらしい。猫の獰猛な面を象徴したのも別の神で、ライオンの顔をした女神セクメトだった。

歴史学者ヘロドトス以降も、ギリシャからやってきた者は、エジプトの猫に魅せられていった。ヤマネコしか知らない人々の目には、人間と愛情を交わし合うイエネコの姿はまったく新鮮だったに違いない。その後、猫はエジプトからギリシャへ、そしてローマ帝国へも広がっていった。とはいえ、いわゆるギリシャ・ローマ時代に猫はさほど表立った存在ではなく、自然史関連の文献の中にも猫はあまり登場しない。その数少ない一つが、アリストテレス［紀元前三八四〜三二二年］の記述だ。「雌猫は生まれつき好色であり、雄を交尾に誘い、交尾の際は甲高く鳴く」とある。[＊5]アリストテレスの観察は正しく、実際に繁殖行動では、雄より雌のほうが積極的ともいう。もの欲しげに鳴いて雄たちの気を引き、お尻を高く上げて誘う。発情期が終わるまで、雌はこうして雄を求め続ける。このことは時を経て、女性の好色を糾弾する際の、格好の材料として使われることになった。ビュフォン〔一七〇七〜八八年、フランスの博物学者〕は、気乗りのしない雄を無理に誘って交尾する雌猫の様子を長々と記述した。悪意とも言えるその筆の執拗さは、性に積極的な女性に対する警戒心から来たのだろう。

もっとも、昔の学者たちが猫を論ずる時には、民間伝承や単なる想像によることが多かった。ギリシャの伝記作家プルタルコス〔四六〜一二七年頃〕は、よく観察もせず、猫の瞳孔の変化を月の満ち欠けと関連づけ、「満月の夜には大きくまるくなり、月が欠けてくると縮んで細くなる」と述べた。これは、エジプトのバステトが、ギリシャではアルテミス、ローマではディアーナ〔どちらも月と狩猟の女神〕と同一視されることが多かったせいかもしれない。これは一種の伝承として、かなり後の時代まで残り、一六九三年、イギリスの医師ウィリアム・サーモンの『イギリス医学大全』にも登場する。[＊6]

古代ギリシャ、ローマでは、人間の暮らしの中で、猫が身近にいたことを示す史料はない。「ネズミ退治と言えば猫」という概念も確立されていなかった。ヘビ除けになる動物として大プリニウス〔二三〜七九年、ローマ帝政期の軍人、学者。甥と区別するために「大」と呼ばれる〕が挙げたのは、猫ではなくイタチだった（イタチが飼われていたのではなく、偶然家の近くにいたらということだ）。猫を意味するとされるギリシャ語の「アイルーロス（ailuros）」、ラテン語の「フェリス（felis）」は、元をただせばどちらも、ネズミを捕るために飼われ

古代ギリシャ、ヘレニズム時代（紀元前323～30年）の壺。猫と遊ぶ女性が描かれている。

る尾の長い動物であれば、何でもそう呼ぶことができたらしい。つまり、イタチでもよかったかもしれないということだ。明確に猫を表すラテン語「カットス（catus）」が、はじめて登場したのは、紀元三五〇年、ローマの著述家パラディウスが、農業に関する論文の中で、「畑のモグラ対策のため、新たな試みとして飼ってみてはどうか」と述べた部分である（ただし、「イタチでもよい」とも書いている）[*7]。

ギリシャの壷やローマのモザイクには、さまざまな生活模様が描かれた。そこには猫も時々登場していたが、愛情をもって描かれたものとなると、三世紀から四世紀頃のものと思われるガリア地方［ローマ領であった現在のフランス、ベルギー全土、オランダ、ドイツ、スイスの一部の総称］の墓碑が最初になるだろう。生前に可愛がっていた猫を抱いた子供の姿が彫られている。四世紀には、イギリスでもすでに猫がそこら中を闊歩していた。足跡がその証拠として残っている。シルチェスター［イングランド南部、ハンプシャー州の村。ローマ時代の遺跡がある］の工場で、瓦を乾かしている最中に猫がその上を通ったらしい。

同じ頃、イエネコはペルシャからインドを経て、極東まで広まっていった。ゾロアスター教圏では猫は邪悪なものとして扱われ、忠実な犬が、大事にされていた。こんな言うことをきかない動物は、きっと悪魔の創ったものだと考えられたのだ。ただ、猫の有用性は認識されていたらしい。七世紀の始め、レイという町［現在のイランの首都テヘラン郊外］の制圧を図った領主が、そこの飼い猫をすべて殺すよう命じたところ、たちまち家という家はネズミだらけとなり、住民たちは町を去るほかなくなってしまった。後に女王の働きかけによって町は救われた。女王はまず、王宮に猫を持ちこんだ。王がそれを気に入ったところで、このような動物を殺す領主など辞めさせるべきだと説得したのだ。ペルシャでも猫は敵視されていた。猫を大切にするイスラム教の勃興の後でも、それは続いた。中世ペルシャの詩人たちは、偽善や裏切りの象徴として猫を用いた。[*8] インドでも、紀元五〇〇年にはすでに猫はよく知られていたようだが、扱いは同じだった。動物寓話集『パンチャタントラ』に登場する猫は、鼻持ちならぬ偽善者だ。一般にそのようなイメージで捉えられていたということだろう。ペットとして飼われるものでもなく、家よりもゴミ溜めがお似合いの場所という存在だった。始終自分の体を舐める習性も、西洋ではきれい好きと見なされるが、

インドの動物寓話『パンチャタントラ』の
写本。猫と鼠の話の場面。16世紀頃。

唾液を不浄とするヒンドゥー教では嫌悪されたのだ。

猫が中国へたどり着いたのは、紀元後間もない頃だったと考えられる。唐の時代［六一八〜九〇七年］には、一般に知られた存在になっていたようだ。女帝の武則天《ぶそくてん》は、仏教の説く非暴力による統治を旗印としていた。猫と鳥を一緒に育てて一つの皿から餌をともに食べるようにしつけて見せ、「私の手にかかれば、このようなものたちでさえ争わなくなる」と言ったエピソードが詩に残されている。残念ながら、宮廷でそれを実演しようとしたとき、様子の違いに戸惑ったのか、堅気になったはずの猫は、竹馬の友を食い殺してしまったという。中国の書物『説郛《せっぷ》』［元末明初の陶宗儀（学者）による叢書。雑史、随筆などの書物一〇〇〇種を集めている］に収められた紀元一〇〇〇年頃の文献によると、張摶という学者が七匹の猫に「東守」「白鳳」「紫英」「法憒」「錦帯」「雲図」「万貫」という名をつけて、たいそう可愛がったという。[＊9] 唐や宗の時代の猫の絵は、同時代、中世ヨーロッパで描かれたものよりも、はるかに写実的かつ魅力的に描かれている。

日本へはおそらく七世紀頃、中国から朝鮮半島を経て猫が伝えられた。平安時代には宮中で珍重され、『更級日記』では、主人公である、作者の菅原孝標女《すがわらのたかすえのむすめ》が、自身の愛猫のことを記している。また『源氏物語』では、光源氏の妻である女三宮《にょさんのみや》に思いを寄せる柏木が、せめて彼女の猫でも手に入れたいと願い、猫好きの皇太子を猫談義に巻き込み、思いを遂げる場面がある。[＊10] 当時の宮中で猫を飼う風習があったことを、よく表している。そ

中国、南宋時代前期の画家、李迪［1110～19年］の描いた子猫。絹に着色している。

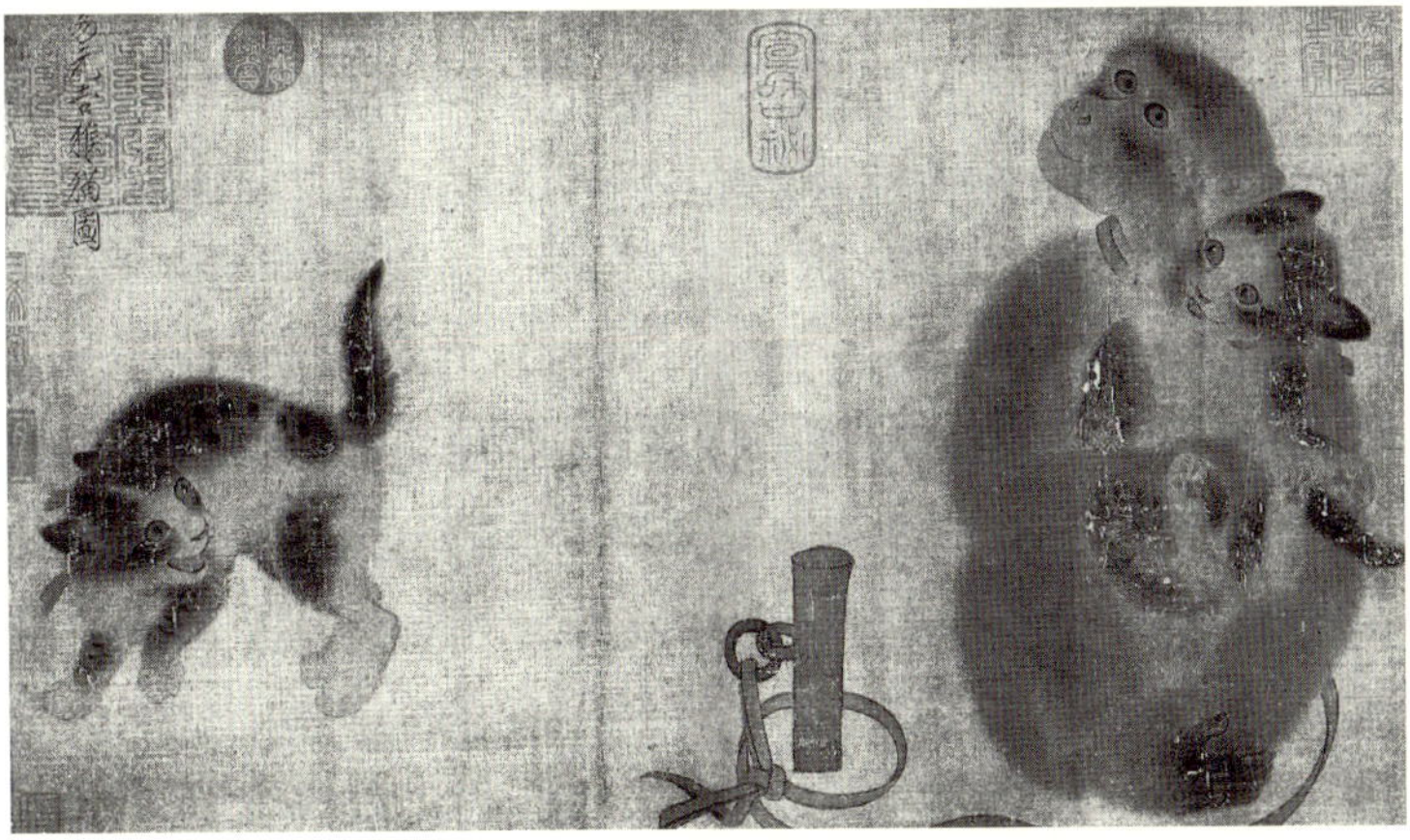

中国、北宋時代の画家、易元吉による『猿猫図』(1064年)。子猫を捕まえた猿と、それを怯えつつ威嚇する猫。

の後、猫は数を増やしていき、ありふれた動物となったが、それでも変わらぬ扱いを受けた。極東地域では、あまねく猫は大切にされたのである。猫がネズミから守ったのは食料だけではなく、絹糸の原料である繭の保護にも大切な役割を担っていた。

タイでは、大切な仏典をネズミから守ってくれるものとして、寺院で飼われていた。伝統的に僧院長だけが飼える品種があり、それは売買されることはなく、僧院長が認めた者のみに譲渡できるという。今でも猫は大事にされ、タイの学校では猫の歌が教えられる。「いつも元気でかわいい猫ちゃん、私たちを守ってくれる猫ちゃんは、私たちのお手本です……[*11]」というように、猫を大切にする、猫にならって人の役に立つという教育が制度として確立されているのだ。

アメリカ大陸へは、ヨーロッパからの入植者たちによって持ち込まれた。現在でも、入植地のニューイングランド地域にいる猫は、ほとんどがイギリス種であり、オランダ系の種が多いニューヨークの猫と遺伝的に異なる。

中世ヨーロッパでは、猫はネズミ対策用にすっかり定着し(もっとも、それ以上の存在でもなかった)、中世の写本や彫刻にたびたび登場する。子猫の世話をする姿もあることはあるが、多くはネズミをもてあそぶ姿だ。イギリスのウィンチェスター大聖堂のミゼリコード［教会の折りたたみ式椅子の裏面につけた出っ張り。起立時に支えとなる］には、ネズミを口にくわえた猫が彫られている。また、『ラトレル詩篇』(一三三〇年)［中世の特権階級の家で礼拝

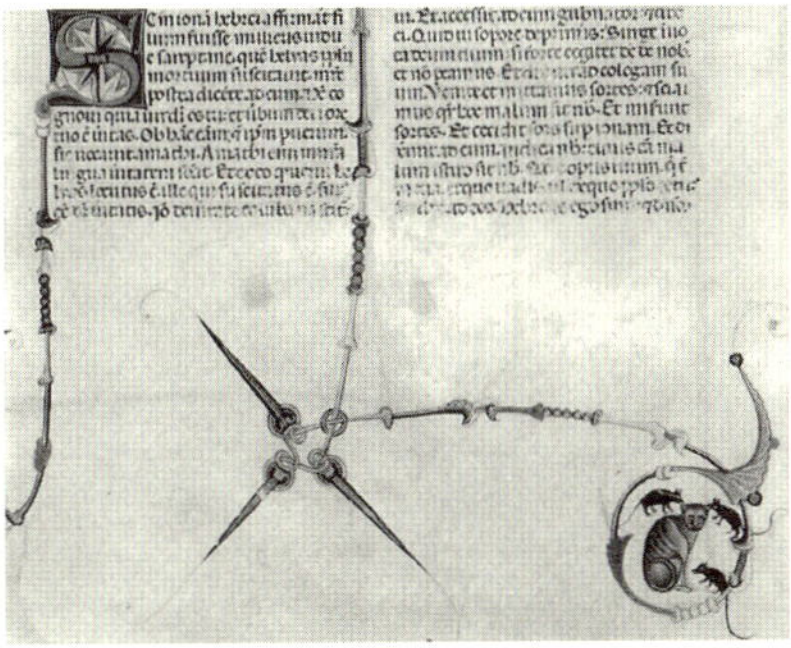

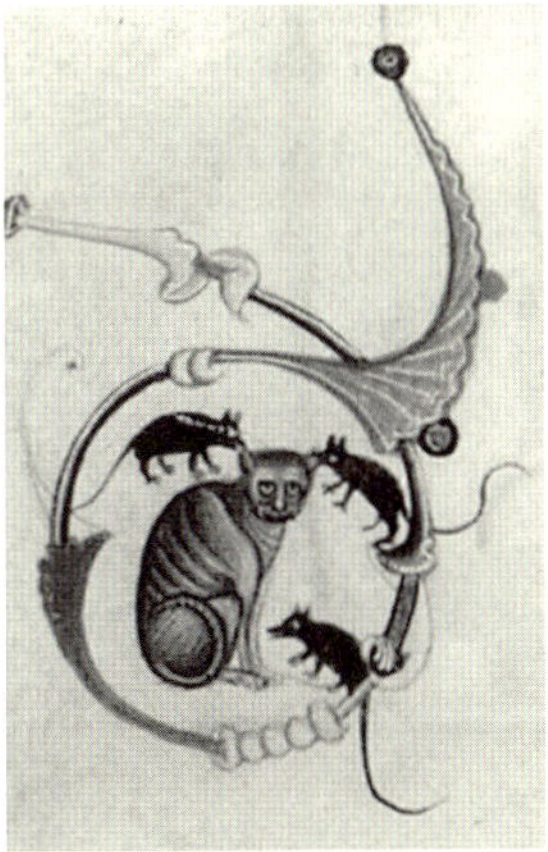

13世紀のフランスの聖書には、
ページの縁に猫とネズミが描かれている。

用の写本が用いられたが、その中でも特に内容、装飾ともに優れ、名高いものの一つ」の挿絵には、座った猫が両手でネズミを挟んでいる姿が描かれている。体の構造的にはあり得ないが、全体の姿勢は綿密な観察に基づいている。猫の絵はたいてい、日常的に見られる姿で描かれているが、魔女の使いといった言い伝えに基づいたものもある。サネット島［イングランド南東端部、ケント県の一地区。川によって本土から分離されている］にあるミンスター教会の椅子には、糸を紡ぐ老婆が彫られているが、その頭上で奇怪な姿の猫が二匹、じっと彼女を見ている。ウィンチェスター大聖堂のミゼリコードにも同じモチーフの老婆が彫られているが、こちらは猫に乗っている。

一〇世紀にウェールズの王子ハウェル・ダーが制定したウェールズ法の規定では、成熟してネズミが捕まえられるようになった猫の値段は四ペンスとされた。農夫が犬を買うのと同じ値段で、未成熟のもの、目や耳が悪いもの、発情期にやたら鳴いて落ち着かないものは、もっと安値だった。[*12] 英語で、うっかり秘密を漏らすことを「猫を袋から出す（let the cat out of the bag）」と言う。この慣用句の起源は、一六世紀、商人が間抜けな客に猫の入った袋を、豚と偽って売りつけたことにあるという。後で袋を開けたら中身は猫だったが、時すでに遅しというわけだ。この逸話は、役に立つ動物とはいえ、猫の価値はたかが知れたものであったことをよく示している。

物語に描かれる猫

猫を犬と比べて考えてみると、その肉食動物ぶりが際立って見える。猫がネズミを追いかけるように、猟犬も獲物を追いかけるが、それでも、情け容赦なく噛みついて殺すイメージはない。人間が喜ぶからやっているという面が強いからだろう。それに対して猫は、あくまで自分のために狩りをする。このため、猫には、自分だけの利益を追い求めるイメージがついて回ることになる。仏教の伝承に、病床に就いた釈迦のために薬を取りに送り出されたネズミが、猫に捕まって食べられてしまう話がある。また、釈迦が死ぬ間際には、さまざまな動物が集まってきたが、猫はネズミ捕りに夢中になるあまり、その最期に間に合わなかったという話もある。[*13]

イギリスの寓意画集（エンブレム本）より（1635年）。猫が籠に閉じ込められたのをネズミが取り囲む。「泥棒を捕えつつ暴利を貪る悪徳判事は、ネズミを捕えつつチーズを盗む猫と同じ」という。

1931年版の『イソップ寓話集』にアメリカの造形作家アレクサンダー・コールダーが描いた猫とニワトリの挿絵。猫の獰猛さを一筆書きで表現している。

フランスの作家ラ・フォンテーヌ編の『パンチャタントラ』より「敬虔な猫」の挿絵。相談事に来た訪問客を、聖人を装った猫が招き入れている(1838年)。

獲物への近づき方も犬と違う。犬は突進していくのに対し、猫はそろりそろりと忍び寄る。猫がよく卑怯者として描かれるのはこのためだろう。

偽善者の姿をとることもある。『イソップ寓話』の中で、主人公として登場する猫は五匹しかいないが、そのうち二匹はずる賢い猫だ。一つは、家のネズミをあらかた殺した後、穴にもぐってしまった残党のネズミをおびき出そうと、死んだふりする猫。もう一つは、ニワトリが病気だと聞きつけ、医者を装って鳥小屋へ出かけていく猫だ。古代インドの説話集『パンチャタントラ』では、ウズラとウサギが、揉め事を解決してもらおうと猫のもとを訪れる。この猫は近所でも有名な隠者で、慈悲深い聖者として評判を得ていた。猫は訓示を唱えながら二人を迎え入れ、噂どおりの立派な人だと感じ入った二人は、安心して相談事を話し始めた。だが、猫は、耳が遠くてよく聞こえないからもっと近くに寄るようにと言う。そうやってウズラとウサギが近くに来たところを、猫はすかさず捕まえてしまう。[*14]インドでは誰もが知っているこの話は、寺院の装飾のモチーフにもなっている。マハーバリプラム［インド南東部タルミナードゥ州の村。ヒンドゥー教の聖地で、重要な寺院や彫刻が多くある］の寺院にある彫刻では、猫が前脚を天に伸ばして祈りを捧げている。敬虔《けいけん》な行者として風刺しているのだ。

このように猫が偽善者としてパロディーに用いられるのは、捕食するときの獰猛さと、そうではないときの安らかな様子との落差によるのだろう。このことは、西洋でも同じだった。グリム童話に『猫とねずみのともぐらし』という話がある。まず猫は、ネズミをそそのかして一緒に暮らし始める。ある日、猫は冬に備えて食用の牛脂を買って、盗まれる心配のない教会に置いておこうとネズミに提案する。そのうち、どうしても牛脂が食べたくなった猫は、親戚に呼ばれたからと言って出かける。向かった先はもちろん教会だ。猫は牛脂を少し食べ、あとは町をうろついてから家へ戻る。猫は同じ手をさらに二度使って出かけ、全部食べてしまった。冬になっていよいよ食糧が取れなくなってきたとき、何も知らないネズミは、教会へ行って牛脂を食べようと言う。空になった壷を見て事の次第を知ったネズミは怒り出したが、猫は「黙れ！」と言って、ネズミを食べてしまうという話だ。[*15]

猫にはそういった二面性に加え、捕らえた獲物をすぐには食べずにもてあそぶ習性もある。このことを比喩として用いた鋭い批評がある。エドマンド・バーク［一七二九〜九七年、イギリスの政治哲学者」は、『一貴族への手紙』（一七九五年）の中で、政治的空論ばかりを論じて、現実の人間をおろそかにする理論家のことを、「捕ったネズミをおもちゃにする猫に似ている」と批判した。爪を隠しつつ、まじめな哲学者を装う油断ならない輩どもというわけだ。[*16] 英語で「猫のような」を意味する「catty」は、同時に「意地の悪い」ことを表すのにも使われる。同じく形容詞で「ネコ科の」を意味する「feline」は、「こそこそと人目を盗む」様子のことも言う。また、「play cat and mouse with 〜」（文字通りには「〜と猫とネズミのような遊びをする」の意味）というと、「〜を殺す前にもてあそぶ」、つまり「泳がせておく」の意味になる。「Puss in the Corner」（「隅っこの猫」の意味）は、子供がやる陣取りゲームの一種で、騙しのテクニックが用いられることがある。

一方で、猫は小さな体で獲物を捕らえなければならないので、こそこそしているのは生き延びるためには必要な知恵であると擁護する見方もある。中世ヨーロッパの口承寓話『狐物語』（編集は一二五〇年）は、大型の捕食動物を支配層、小型のものを農民として描いており、その語りは知恵を絞って生きる弱者の側についている。猫のティベールは、悪知恵では狐のルナールにどうしても敵わない。狐と猫は、日本の民話でも同じような設定で語られることがある。もっとも、東西を問わず、猫は狐よりは親しみを込めて描かれることが多いものだ。

一九世紀になるとようやく、猫が愛すべき存在として認められるようになる。捕食動物

『狐物語』の一場面。狐のルナールに騙されて村の司祭の家に押し入った猫のティベールは、捕らえようと襲ってきた司祭の局部に噛みつく。15世紀、木版による挿絵。

イギリスの画家H・J・フォードによるグリム童話『猫とねずみのともぐらし』(1894年)の挿絵。

としての能力も、単に「ずるい」のではなく「すごい」と評価されるようになった。イギリスの作家・漫画家のチャールズ・ヘンリー・ロス［一八三五〜九七年］が編集した『猫の本』（一八六八年）は、猫に関する面白い逸話や伝説、詩歌、医学的知識などを集めて、猫を称える書だ。スコットランドの町カランダーにいた賢い猫は、盗んできた肉を使ってネズミを穴からおびき出したなどといった話が紹介されている。イギリスのダーウィン派の生物学者セント・ジョージ・マイヴァート［一八二七〜一九〇〇年］は、論理としてはやや強引ながら、解剖学的知見から、猫は適者生存［ある環境に最も適した生物が生存できるという考え］の好例であるとした。ネコ科の動物の身体機能に魅せられた彼は、哺乳類として人間に次ぐ地位をネコ科に与えたのだ。食物連鎖の頂点にいるのだから、イエネコも含めてネコ科の動物たちは、捕食動物として最も進化したものだということだ。

一九世紀以降のこの流れは、二〇世紀になってさらに進展する。イギリスのSF作家ジェームズ・ホワイトの『共謀者たち』（一九五四年）は、フェリックスという名の猫が、主人公だ。人間と一緒に船に乗るという昔ながらの設定だが［食料をネズミから守るために、かつては世界中で船に猫を乗せていた］、ここでは船は船でも宇宙船だ。ある日、宇宙船は動物の知能を向上させる大気の中を通り抜ける。この大気の効能は小さい動物から現われていくという特徴があり、フェリックスもそれで賢くなるのだが、ネズミには敵わない。人間にはまだ効能は現れていない。知性を持ったネズミは、自分たちが実験用動物であることを

イタリアの画家クリストフォロ・ルスティチ［1560～1640年］の『一月』。室内でくつろいだ様子の猫が描かれている。

知り、脱走を計画する。ただ、自由に動き回ることはできない。そこで猫を頼ることにした。猫ならうろうろ歩き回っていても怪しまれることはないからだ。猫のほうも、ある程度の知性はあるのだが、ネズミの考えをきちんと理解して協力できるかというと、そこまでまだ賢くはない。ネズミは「こいつで大丈夫なのか?」と常にハラハラするのだった。猫は、イソップ童話の単細胞から長い時を経て、ついには、知的、道徳的問題に悩むに至ったのだ。[*17]

人間は当初、猫を役に立つ動物としか考えていなかったのが、いつの間にか猫は人間の同居人の地位に収まった。犬は外にいるのに、猫は家でぬくぬくと過ごしているというのが、あらゆることわざや民話のお決まりのパターンだ。ジェフリー・チョーサーの『カンタベリー物語』の中の「召喚吏《しょうかんし》の話」(一三九〇年頃)では、わがままな修道士が、家の一番居心地の良い場所を得るために、猫をどかせる場面がある。一三世紀はじめにバルトロメウス・アングリクスがまとめた百科全書『事物の諸性質について』には、猫は「若いときは快活で、動くものには何でも飛びつき、麦わらでも遊ぶ。年を取るとでっぷりと太り、寝てばかりいて、そのままの姿勢で目の前をネズミが通るのを待っている」などと書かれている。イエネコの観察に基づいて書かれているのが、以前の同類の本とは異なるところだ。ただ、同時代のご多分に漏れず、道徳的説教を加えることも忘れていない。「偉そうに近所を闊歩する猫を家に置いておくには、毛を焼いてしまうのがよい」という。

修道士たちは、連想によって、うぬぼれた女性たちを戒める説教をよく行っていた。イギリスで活動したニコラス・ボゾンという修道士はサディスティックとも言える説教を行った。「猫を家に置いておくには、尻尾を切り、耳を切り、毛を焼くとよい。女も同じだ。ドレスの裾を切り、髪をぐしゃぐしゃにし、服を汚してやれば、外をうろつくことはない」[*18]

かつて猫はネズミを取るだけの存在で、美しいとか、愛らしいとか、愛情を交わすといったことを誰も考えなかった。文学に登場することも稀で、せいぜい陳腐な比喩の材料になる程度だった。意地悪な女主人を、ネズミを苛める猫に喩えるという具合だ。あのシェー

フランスのことわざ集(『Proverbes en Rimes』)で「猫は魚が好きだが、手を濡らすのは嫌がる」の頁に使われた挿絵。15世紀後半。

クスピアの想像力さえも刺激することはなかった。『ベニスの商人』で、シャイロックが、猫は「役に立つ」「無害な」ものと言うが、シェークスピアにとっても、猫はそれ以上でもそれ以下でもなかったのだろう。ほかに猫が登場する場面も、当時一般の猫の扱いをそのまま反映しているに過ぎない。『空騒ぎ』では、当時の慣習を引用して、独身主義者のベネディックが、自分がもし主義を変えるようなことがあれば、猫みたいに籠に入れてぶらさげて、矢を射ってもらってよいと言う。『夏の夜の夢』では、妖精の早とちりによって、心変わりをしてしまったライサンダーが、すがりつく恋人ハーミアに向かって「放せ、猫め」と叫ぶ場面がある。『ルークリース凌辱』では、ルークリースを凌辱するタークィンと、やめるよう懇願する彼女とが、獰猛な猫と、それに押さえつけられて苦しむネズミに喩えられている。『マクベス』では、マクベス婦人が夫を責める際、「猫は魚が好きだが、手を濡らすのは嫌がる」ということわざ［欲しいものを手に入れるための努力や危険を回避しようとすることを意味する］を使う。[*19]

絵画に描かれる猫

文学が猫の魅力を発見する以前から、画家たちは猫にモデルとしての価値を見出していた。ルネサンスの画家は、聖書の出来事を描くときも自分たちの時代の背景を反映させせたが、その中に猫も登場する。特に食事の場面が多い。ティントレット［一五一八〜九四年、イタリア］の場合、六枚の『最後の晩餐』のうち三枚と、『エマオのキリスト』、『ベルシャザールの饗宴』の中に、猫を描いている。『最後の晩餐』の一つと一五九二年から一五九四年にかけての作品を見ると、キリストと使徒たちの食卓の前景中央に、がっしりとした体つきの猫がいる。女中が食べ物を取り出している籠に前脚をかけ、中を覗き込んでいる。フィリップ・ド・シャンペーニュ［一六〇二〜七四年、フランス］の『エマオの晩餐』では、前景中央に猫が登場する。食べ残しを取ろうと躍起になっているのを、給仕が手でどけようとしているのだ。この生活感あふれるやり取りと、こわばった顔で真剣に話し込む食卓の人物たちとが、見事なコントラストをつくりだしている。これは復活したキリストが食事に招かれた場面なのだが、猫にはそのようなことはまったくどうでもよいのだ。柔らかな銀のぶち模様に、生き生きとした動きで、実に魅力的に描かれ、大事なときだが、猫を怒る気には誰もなれないのだった。

宗教画の中に猫がいると、聖書の世界をより身近に感じさせる効果がある。しかし、それだけではなく、人間とは無関係に行動する猫が、絵の中の出来事に対して何らかの意味を持つ場合もある。ヤコポ・バッサーノ［一五一七頃〜九二年、イタリア］の『最後の晩餐』では、すねたように耳を寝かせて丸くなっている猫が隅に描かれている。物語への参加をあからさまに拒絶している猫は、聖なる出来事とは相容れないどころか、敵意さえうかがわせる。ドメニコ・ギルランダイオ［一四四九〜九四年、イタリア］の『最後の晩餐』（一四八一年）では、テーブルの反対側、一人座っているユダの傍らに、猫が座ってじっと鑑賞者のほうを見つめている。ユダの孤独と、明るく振舞おうとするわざとらしさとが、その存在によっていっそう際立っているのだ。ロレンツォ・ロット［一四八〇〜一五五六年、イタリア］の『受胎告知』の中にいる猫は、主題に対してあからさまに「否」を唱えているように見える。神の子の受胎と人類の救済をマリアに告げにきた天使を見て、取り乱したように逃げ出しているのだ。

よく描かれる「聖家族」の中にも、猫がたびたび登場し、人物が皆、キリストを崇めている中をうろついていたり、寝ていたり、鳥を捕ろうとしていたりする。ジュリオ・ロマーノ［一四九九〜一五四六年、イタリア］の『猫の聖母』では、マリアの見つめる幼子イエスが、洗礼者ヨハネに手を伸ばしているが、その間にも、猫が虎視眈々と、床にある食べ物を狙っている［**口絵5頁**］。

フェデリコ・バロッチ［一五二六頃〜一六一二年、イタリア］の『猫のいる聖母』（一五七四年）のように、猫がゴシキヒワ［ヨーロッパ産のスズメ目アトリ科に属する小鳥］を狙っている場合、それはキリストによる人類の救済が挫折することを表している。鳥は魂の象徴であるうえ、ゴシキヒワはアザミを好んで食べることから、磔刑の際に、キリストがかぶせられた茨の冠を連想させる。つまり、このモチーフはキリストの受難を暗示するのだ。それから三世

ファラオの献酌官長が、囚われのヨセフに、
解放のとりなしを約束する旧約聖書の場面。
後に約束を忘れてしまう官長の足元には、
猫が疑り深い表情で座っている。

紀の後、ウィリアム・ホルマン・ハント［一八二七〜一九一〇年、イギリス］は『良心の目覚め』（一八五三年）で、同じように猫と鳥を用いた。愛人関係を解消しようと、若い女性が男の膝から立ち上がる。その二人の傍にあるテーブルの下から、オレンジ色に光る目でその様子を見上げる猫が描かれている。猫は彼女の改心に驚いたのか、捕まえていた鳥を口から放してしまっているのだった。「鳥を捕らえる猫」というモチーフ自体は、ルネサンス期の聖家族像と共通しているが、こちらの場合、その魂は救済される。

世俗画に猫が登場する場合、たいていは食べ物とともに、それも、盗んでいるところが描かれる。ジュゼッペ・ロッコ［一六三四〜九五年、イタリア］の『魚を盗む猫』は、魚を盗ろうとしたところを邪魔され、うなり声をあげるふてぶてしい猫が登場する。アレクサンドル＝フランソワ・デポルト［一六六一〜一七四三年、フランス］の『猫のいる静物』［一六六一頃〜七三年］では、テーブルから頭を出した猫が、牡蠣をくすねようと手を伸ばしている。ご馳走に向かって目は大きく見開き、耳はぴんと立ち、してやったりとでも言わんばかりの表情を口元に浮かべている。人間が来る前に獲物を持って逃げようとする意図までが見て取れるような描写だ。ちなみに、姉妹作である『犬のいる静物』では、スパニエル犬がテーブルにあるハムに鼻を近づけて、くんくん嗅いでいる。フランス・スネイデルス［一五七九〜一六五七年、オランダ］の作品では、母猫が子猫たちを引き連れて、人間が狩りでとってきた獲物を盗んでいる。母猫はクジャクを引きずり、一匹の子猫は小鳥をくわえ、あと

アレクサンドル＝フランソワ・デポルト
『猫のいる静物』(17世紀後半、カンバスに油彩)

の二匹もそれぞれ獲物に跳びかかろうとしている。前にいる犬は、何も気づかず眠っている。人間の手によって狩りをするようにしつけられた動物と、生まれながらのハンターとの見事なコントラストが描かれているのだ。

オランダ絵画には、居酒屋での歓楽を描くジャンルがあるが、そこにも猫がたびたび登場し、欲望のままの放埓な雰囲気を増長するのに一役買っている。一方で、逆の例もある。ヤコブ・ヨルダンス［一五九三〜一六七八年、フランドル］の『酒を飲む王』（一六四〇頃〜四五年）は、イエス降誕［イエス・キリストの誕生のこと］の祝祭の宴の様子が描かれ、人物は皆、下品に飲んだり吐いたりの大騒ぎをしている。犬までもがそれを見て、飲みたそうにしている。そんな雰囲気とは明らかに一線を画して、前景には雄猫が不機嫌そうに丸まっている。猫のよそよそしさを肯定的に利用しているのだ。

苛められる猫、愛される猫

かつての猫は、良く言っても、「役には立つ」「害はない」というのがせいぜいのところで、悪く言えば金銭的価値のないありふれた動物に過ぎなかったので、何かを苛めようと思えば格好の対象となった。簡単に手に入るうえ、苦痛をはっきりと表出することも、苛め甲斐の点では、ちょうど良かった。エリザベス一世の戴冠式の際（一五五九年）、市内を練り歩く行列に法王をかたどった人形があったが、それには猫が詰め込まれていた。燃やしたとき、大変に盛大な効果音を生み出したという。

パリでは、聖ヨハネの祝日の前夜祭として、グレーヴ広場［かつてセーヌ川沿いにあった広場］で猫をじわじわと焼く行事が行われた。人々は残った灰を幸運のお守りとして持ち帰った。この催しは一六四八年、ルイ一四世の時代まで続いた。ピューリタン革命時のイギリスでは、一六三八年に英国国教会への侮蔑を表明しようと、ピューリタンたちが、猟犬を使って猫狩りをしながら、リッチフィールド大聖堂［イングランド中西部スタッフォード県にある、英国国教会の主教座聖堂］を通り抜け、それをイーリー大聖堂［イングランド東部ケンブリッジシャーにある］で串に刺して焼いたという。この出来事を記録した役人は大いにショックを受けたが、それは残酷さに対してではなく、神聖な場所が破壊され、穢されたことに対するものだった。[*20]

動物への虐待は、近世初期になっても特に抵抗なく行われたが、これはキリスト教会がとがめることをしなかったことに原因がある。一三世紀の神学者トマス・アクィナスは、『神学大全』の中で、人間に対するような慈悲の心を動物にまで向ける必要はないとした。動物には、理性も自由意志もないのだから、社会の一員とは見なせず、キリスト教の説く「永遠の命」を得ることもない。さらには、神は人間に、世の支配権を与えたのだから、動物をどう扱おうが人間の自由であると言うのだった。一七世紀にフランスの哲学者デカルト［一五九六～一六五〇年］はさらに進んで、合理的にものを考える心があるからこそ、意識や感情、自由意志があるのだと説いた。魂を持つのは人間のみであり、動物は機械と同じで、感情はなく、よって苦痛を感じることもないと考えた。これが正しいとすると、虐待された動物があげる叫び声は何なのだろう。これも機械のような自動的反応であるとするならば、人間の場合も同様に考えねばならないはずだ。[*21]

ムハンマドはもっと開かれた考えを持っていた。アラーの神の求める慈悲は、人だけではなく、「創り賜われたすべてのもの」に向けるべきだと説いたのだ。ロバの焼印は痛みを感じやすい部分にしてはならないなど、あらゆる動物を対象にムハンマドは虐待を禁止したが、その中でも猫を特に大事にしていた。飼っている猫がマントの上で寝ていたら、祈りの時間になると、猫をどかせるのではなくマントを脱いで行ったという逸話がある。また、ある女性が猫を幽閉し、餌もやらずに放置して殺したと聞いたときには大変憤り、彼女が地獄で猫に苛まれるさまが目に浮かぶと後に何度も語ったという。アラビア世界では犬は不浄と見なされていたが、猫はそうではなく、人間の食器で餌を食べてもよく、猫が清めの水を飲んだとしても汚いとは見なされなかった。ムハンマドも、猫は人間とともにいるものだから不浄ではないと述べていた。犬と違って、猫は自由に家に入ることができた（犬は狩猟などの実用にのみに使われた）。ムハンマドの側近に「アブー・フライラ（猫の父）」と呼ばれる者がいたが、これは彼が猫に対して特に愛情を注いだからだ。ある日、ムハンマドがヘビに襲われそうになったとき、すかさずヘビを退治したのがアブー・フライラの猫だった。感謝したムハンマドはその背と額を撫でてやった。そのときから、猫はどんな体勢から落ちても背中を打たず、足で着地できるようになり、ぶち猫の額には四本の縞ができたという。

イスラム世界では犬より猫が厚遇され、飼い主が口づけをしたり、一緒に寝たりしていた。九世紀のイブヌル・ムッターズという詩人の猫は、ある日、隣家の鳩小屋に入り込んでしまい、殺されてしまった。彼は墓をつくり、墓碑に「息子のようだった」と記したのだ。一三世紀のスルタン［イスラム王朝の君主の称号］は、カイロに「猫の庭」をつくり、世話をできるようにした。今でも人々は猫に餌をやりにそこにやって来るという。[*22]

西洋で動物への道徳心が広まったのは、ようやく一八世紀になってからだった。それまでは、道徳は宗教法が規定するものであったため、動物についても定めのとおり、考慮の必要はないと考えられていたが、この頃から道徳が感情に基づいて考えられるようになってきた。下等とされる動物にしても、宗教法のいう人間的理性はなくても、感じる能力があるならば、それを考慮すべきというわけだ。動物虐待への反対が公に叫ばれるようになり、その声は、弱きものを助けるという新たな風潮に乗り、さらに大きさを増していった。イギリスの詩人アレクサンダー・ポープ［一六八八〜一七四四年］は、『人間論』（一七三三〜三四年）の中で、「我々人間は動物とともに創造されたのであり、違いはあってないようなものだ。よって我々に動物を虐待したり搾取したりする権利はない」と説いた。ポープはまた、動物の虐待を非難する話の中で、特に猫の扱いは酷いとして、単独で取り上げている。「どこへ行こうと皆の敵とみなされる不幸を背負わされている。猫には九つの命があるなどと言って、猫が一〇匹いれば九匹殺されるようなありさまである。かのヘラクレスをも凌ぐとは大したものである。彼が退治した怪物でも、命は三つしかなかった」[*23]と述べた。

この頃、猫をペットとして飼う習慣は広まりつつはあったが、実用的価値以上のものを猫に見出す人はあまりいなかった。人道的に扱われるようになったとはいっても、それも感じる生き物であることが認められたからに過ぎなかった。イギリスの劇作家エドワード・ムーア［一七一二～五七年］の寓話には、『農夫と犬と猫』というものがある。農夫と犬は、当たり前のように同じものを食べている。猫がせめて使用人の食事くらい欲しいと控えめに訴えても、犬が許してくれない。猫は「もちろん犬のほうが偉いのは分かっています、私は本能の赴くままにしているだけですから。でも、それでネズミを退治して人間のお役に立てているのではないですか」と言う。それを聞いた農夫は、一口、猫に食べ物を投げ与えてやるのである。[*24]

猫は実用に特化したものだから、贅沢品ではないとも考えられていた。一三世紀の『修道女戒律［女子修道院生の戒律について書かれた、作者不詳の散文］』は、質素な修道生活を送るた

ウィリアム・ホガースの版画連作『娼婦一代記』(1732年)の一枚。猫が主人公モルの職業と、経済的苦境を表している。

めの規定がいろいろ書かれているが、それによると、動物を飼うことは禁止、ただ猫はその限りではないとされている。イギリスの画家ウィリアム・ホガース〔一六九七〜一七六四年〕の連作版画『娼婦一代記』(一七三二年)の三枚目では、雇い主の豪邸を追い出され、娼婦に転落したモル・ハックアバウトという女性が、みすぼらしい部屋で猫と一緒に暮らしている。同じくホガースの油彩画『悩める詩人』では、詩人一家の住む屋根裏部屋で、母猫が不安げな表情を浮かべて子猫の世話をしている。中国では、家に知らない猫が入ってくると、家が傾く前兆だと言われていた。もうすぐ荒れ果て、ネズミがはびこるのはどの家か、猫には分かるというのだ。

一九世紀に入ると、猫はペットとして大切にされるようにはなったが、犬や馬のように、飼い主に「箔」をつけるようなものではなかった。

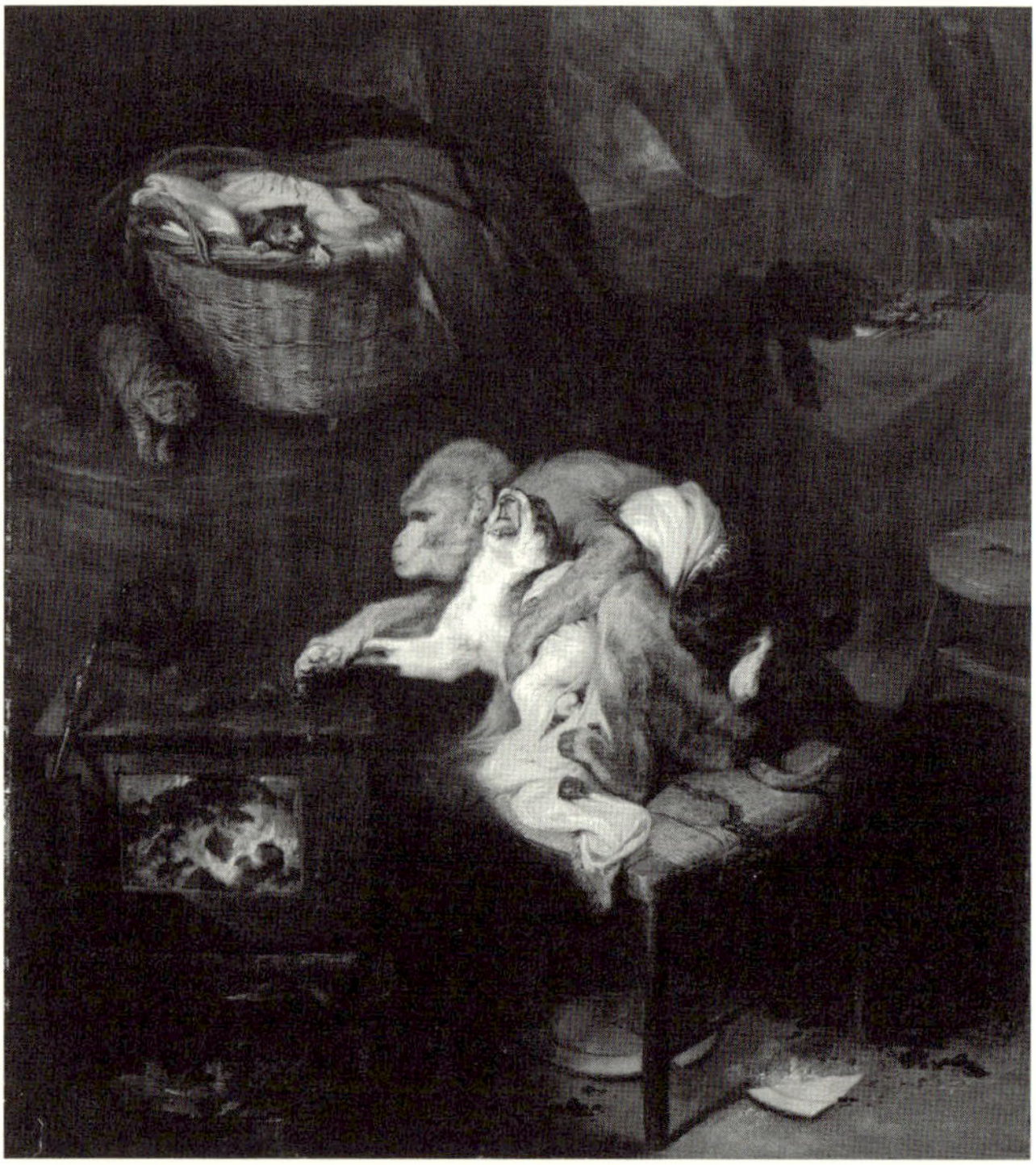

猫が愛されるようになった19世紀の風潮から外れた描き方もあった。イギリスの画家エドウィン・ランドシーアは、愛らしく情感あふれる動物画を多く描いたが、この『猫の手』(1824年頃)は、猿が猫に火の中のクルミを取らせようとするサディスティックな光景である。

一八八一年、生物学者のマイヴァート［一八二七～一九〇〇年］は、「猫はみすぼらしい家にいるものであり、そのようなところに犬はいない」と述べた。アメリカの経済学者ソースタイン・ヴェブレン［一八五七～一九二九年］は、犬のことを成金的な散財の典型として蔑み、猫はその点、「ステータスのシンボルとしては何の役にも立たないのがいい」と述べた。手に入れるのも、飼うのも安上がりで、さらに役にも立つが、飼い主を尊重することはないという理由からだ。考え方の古い人々はまだ、猫は貧乏人の飼う動物だとして、その価値を認めていなかった。貴族の猟場の管理人たちは、大事な獲物を捕る害獣として猫をためらうことなく殺し、タカやフクロウ、イタチなどとともに剥製にして飾った。

英国動物愛護協会［一八二四年創立、世界最古の動物福祉団体］が、功績のある者に授与する女王メダルには、人間にとって身近な動物たちがデザインされているが、当初、その中に猫は入っていなかった。動物福祉の権威でさえ、猫をさほど重視してはいなかったのだ。これを変えたのがヴィクトリア女王だった。猫が一般に不当な扱いを受けていると考えた女王は、人々が猫に抱く負の感情を取り除くには、メダルの表に猫も彫り込むべきだと主張したのだった。[*25]

2章

災いをもたらす猫、幸運を呼ぶ猫

前章では、猫と言えば少し役に立つだけで、特に貴重なものでも何でもなかったという例をたくさん見てきた。しかしそんな場合でも、人間が猫に対して不思議とも言える感覚を抱いてきたのも、また事実だ。

それは、ほかの身近な動物が与える印象とは、明らかに異なるものだった。まずは、その足取りの静かさだ。気がつけばそこにいて、また気がつけばいなくなっている。人間には分からないものを知覚しているように見えることもよくある。その目は暗闇をものともしない。耳は眠っているときでも、何かを察知して、ぴくりと動くこともあるが、それが何であるか、人間のほうはまったく分からない。猫の様子がいつもと違うと思ったら、地震や雷雨が来たということもある（微小な振動や静電気に対する感覚が優れているのかもしれない）。そのような鋭敏さから、猫には超自然的な能力や予知能力があるのではないかと思われてきた。これが犬の場合、どんな鋭敏な感覚を見せても、人間が不思議の念を抱くことはなかった。犬は人間の仕事を補う存在だという認識があったせいだろう。さらに猫は、その眼差しにも何か不穏な印象を与えるものがある。目を見開いて、じっとこちらを見ているが、まったく無表情で、何を感じているのか読み取れないことがある。これは、ほかの動物にはない習性だ。人間を挑発しているのではないか、あるいは、心の内を見透かされているのではないだろうか、そんな疑念さえ生じてくる。もちろん、ただ本能として持っているに過ぎない特徴だが、人間から見れば不思議なものだったのだ。猫が神秘的とも悪魔的とも捉えられてきたことには、このような理由があったのだろう。

犬とともに、猫は人間の暮らしの中で最も身近な動物である。しかし、犬がいつも喜怒哀楽を素直に表し、人間と相思相愛の関係を築くのに対して、猫は猫としてやるべきことを淡々とこなすばかりで、その澄ました顔の奥にある世界を人間に垣間見せることはほとんどない。作家アンジェラ・カーター［一九四〇〜九二年、イギリス］の『長靴をはいた猫』の中で、猫自らが語る言葉は、そのような冷静沈着さを的確に表していると言えるだろう。「楽しかろうが楽しくなかろうが、そうしたつましい、クールで静かなモナ・リザの微笑風の微笑を、猫は漏らさなければならないのです。したがってすべての猫には政治家的なところがあるというわけ。猫が微笑むと、猫は悪いやつだと思われる始末なのですから[*1]」

こうした様子から、猫はいつも聞き耳を立てていて、家族の会話をすべて承知済みなのではないか、それをもとに何か企むのではないかと疑うことさえあった。

人間は猫のことを下に見がちだが、猫のほうはそんなことは思いもせず、家にどっかり居座っている。人間社会にも自然世界にも階層が当然のように存在していた中世から近世初期にかけては、言うことを聞かない猫は実に不快な存在であっただろう。人間による支配は神の意志であるのだから、人間に従わないものは神に背くものと考えられた。そうして猫は、悪魔の支配する夜の世界の住人と捉えられてきたのだった。

猫の不思議な能力や人間への無関心さは、人々の間に猫への猜疑心を生んだ。結果、聖ヨハネの祝日の前夜祭（六月二三日）に猫を焼く儀式なども、キリスト教社会から悪を追放したり、作物を守ったりするためには当然のことと考えられた。逆に、悪魔の力を借りるために、その共謀者として猫を利用することもあった。

一六世紀後半、スコットランド王ジェームズ六世がデンマークへ花嫁を迎えに行った帰途、船が嵐に遭い、沈没しそうになった。後に行われた裁判で魔女として告発された一団は、猫を生贄に使って嵐を起こしたことを認めたのだ。まず猫に洗礼を施し、死人の体を切断してその猫にくくりつけ、海に投げ込んだという。スコットランド南東部の港町で起こった「ノースベリックの魔女裁判」として有名な事件だ。スコットランドでは、悪魔への捧げものとして猫を焼き、超常的な力を得ようとする、「タイエルム」という儀式があった。猫を四昼夜にわたって休みなく、次々に焼き続けるという施術者にとっても苛酷なものだったが、それに成功すれば、地獄からの使者が黒猫として現われ、願いを聞いてくれるというおぞましいものだった。

このように中近世においては、猫が悪魔の使いとして虐待されたが、同様のことが一九世紀に入ってもなお、一部の人々の間で行われていた。小説家エリザベス・ギャスケル［一八一〇〜六五年、イギリス］の『北と南』（一八五五年）でも、そのことを示す場面がある。主人公マーガレットが、以前住んでいた田舎町（父親がそこで牧師をしていた）を訪れた際、農家の老婦が不平を漏らしてきた。彼女の飼い猫を近所の女性が盗み、夫の癇癪から逃れるためのおまじないとして焼き殺したのだという。マーガレットは驚くのだが、この田舎では、猫の叫び声を聞いた悪魔は願いを叶えてくれるということがまだ信じられていた。しかも、文句を言っている当の本人も、その迷信を疑っているわけではないのだ。殺されたのが自分の猫でなければ心を痛めることも別になかったのだろう［＊2］。

猫自身が悪魔として捉えられることもあった。アイルランドのコネマラというところに、逸話がある。ある漁師は腕に自信があり、いつも大漁なのだが、困ったことに毎日夜になると黒猫が現われて、その日で一番良い魚をさらっていくのだった。ある夜、漁師の妻の眼前に、いつもの猫がやってきた。並べられた魚をざっと品定めすると、猫は邪魔をするな、騒ぐなとでも言うように、彼女を睨みつけてから、獲物に跳びかかった。漁師の妻が近づくと、うなり声をあげて威嚇する。そこで彼女は、ほうきを持ってきて振り回した。ほうきは猫に命中し、背骨が折れた手ごたえがあった。しかし猫はこちらを見てにやりとしただけで、悠然と魚を食べ続けている。気味が悪くなった彼女は聖水を持ってきて、猫に浴びせた。すると猫は燃えて灰と化し、姿を消したのであった。[*3]

しかし、たいていの場合、猫は悪魔そのものというより、魔女の仲間、あるいは魔女が姿を変えたものと考えられてきた。魔女とはすなわち、悪魔との橋渡しをする人間のことだ。ただ、このような扱いを受けたのは、猫に限らなかった。非キリスト教世界では動物が崇拝されることが多いことから、キリスト教の破壊を企てる魔術的な信仰は、いろいろな動物と結びつけて捉えられてきた。一六、一七世紀には、魔女は猫だけでなく、ウサギに姿を変えていることもよくあるとされ、雑種犬やネズミ、ヒキガエルといった動物がその使いだと言われることもあった。猫が悪の使いの代表的動物となったのは、もっと時代が経過してから、魔女が現実というよりも、ファンタジーの世界での存在になってからのことだった。その頃には、猫の妖しい魅力が認識されるようになっていたため、ファンタジーの世界と上手く結びついたのだ。

それでもやはり、魔女裁判で猫が多く登場したのは確かだ。気に入ったものに頻繁に体を擦りつける習性や、神出鬼没の足取りが、魔女の使いのイメージにふさわしかったのだろう。愛猫家たちが抱いたり、話しかけたりして猫を甘やかしていると、それだけで魔女の疑いをかけられるほどだった。一五六六年に魔女裁判にかけられたエリザベス・フランシスという女性も猫を飼っていた。彼女は農夫に嫁ぐ以前、祖母から魔術の手ほどきを受けていた。そして、祖母はエリザベスに白いぶち猫（あろうことか、その名をサタン［悪魔を意味する］といった）を与え、飼い方を指南した。パンとミルクを常食とするが、ときには自分の血を与えるようにと教えたのだった。サタンはエリザベスに奇妙な、くぐもった鳴き声で話しかけてきたが、彼女はそれをすぐに理解するようになったという。エリザベスは猫に願いごとを話し、そのたびに自分の血を与えて飲ませた。血を出すために体のあらゆるところを針で刺していたので、彼女の体には絶えず赤い斑点があったという。アンドリュー・バイルズという男を夫にしたいと願ったときは、猫の言うことに従い、エリザベスは彼に体を許した。しかし、アンドリューに結婚の意志がないと分かると、彼女はサタンに命じて彼の家財を破壊したうえ、死に至らしめたのだった。後にエリザベスが別の男を望むと、サタンはその男を夫にしてやった。しかし、結婚は思うようにはいかなかった。彼女はまたサタンに願いごとをして、子供を殺し、夫の脚を不自由にしてもらった。そのうちエリザベスはサタンに飽き、アグネス・ウォーターハウス［一五〇三頃～六六年、イギリスではじめて魔女として処刑された］という女性に、ケーキ一つと引き換えに譲ってしまった。サタンは新しい飼い主の願いを早速聞き入れ、近所の牛一頭、ガチョウ三羽を殺したのだった。[＊4]

人間に化ける猫

魔女狩りを強く推し進めたことで有名なジャン・ボダン［一五三〇～九六年、フランスの政治思想家・行政官］によると、一五六一年、フランスの町ヴェルノンで、魔法使いたちが男女を問わず猫に姿を変え、古城で集会をしていたという。調査官が数人、大胆にもそれを見に行ったところ、一人は殺され、ほかはひどく引っ掻かれてしまった。それでも猫の何匹かに傷を負わせることはできた。翌日、関与を疑われた人たちには、前夜の猫と同じよう

アメリカの雑誌『ハーパーズウィークリー』の表紙(1909年)。魔女とその使いの猫という組み合わせを可憐なイメージで用いている。

マサチューセッツ州セイラムでの魔女騒動をユーモラスに扱った絵葉書（20世紀）。

な傷跡がついていたのだった。

アメリカのマサチューセッツでも、似たような出来事があったとされている。一六七九年から八〇年にかけて魔女の疑いをかけられたエリザベス・モースという女性が、「猫のような形をした白い物」に姿を変えて、隣人を襲ったという話だ。隣人はその猫のようなものを塀に叩きつけた。その夜、隣人はモースが頭を怪我して、医者に見てもらったという話を聞いたのだった。同じく「大きな白猫」に襲われたという人は、ほかにもいた。なんでも、猫が胸のところまで上ってきて、服とスカーフをつかみ、それから足元に来たので上手く歩くことができなかったという。ごく普通の猫の行動でも、先入観を持って見ると邪悪なものと捉えられるという例である。[*5]

オーストリアに、『粉屋の見習い小僧と猫』という民話がある。ある粉屋は、ずっと見習いを雇えないでいる。粉引き小屋で見習いを寝かせると、決まって夜の間に何者かが現われて、殺されてしまうのだ。あるとき、とある若者が自分は大丈夫だと言って、斧と祈祷書を持ち、粉引き小屋で床についた。時計が一二時を知らせたときだった。灰色の猫が二匹、年を取ったのと若いのが現われ、座り込み、互いに何かニャーニャーと鳴き合った。その声は明らかに、武器を持った男が目を覚まして、そこにいることに苛立っているようだった。猫は斧と祈祷書を奪おうとしたが、若者はすばやくそれを阻止した。今度は若いほうの猫が、蝋燭の火を消そうと走り寄ってきた。そうはさせまいと若者は斧を振り下ろし、猫の右の前脚を切り落とした。しかし朝になったとき、現場に転がっていたのは、猫の前脚ではなく、人間の手であった。その日はなぜか、粉屋のおかみさんがなかなか起きてこようとしなかった。後でしぶしぶ起きてきた彼女の姿に、主人と若者はすべてを悟った。右手がなくなっていたのだ。[*6]

このように西洋では、女性が猫に姿を変える民話が多くある。日本でも同様の話があるが、こちらでは逆に猫のほうが女性に化け、男を誘惑し悪事をはたらくというパターンが多い（狐が女性に化ける場合もある）。登場する猫は人間ほどの大きさのものもいて、大きな目をぎらぎら輝かせ、狙ったものの首に噛みつく。物語の化け猫は尾が長く、二股に分かれていることもある。「鍋島の化け猫騒動」の話にも、二股の尾をした猫が登場する。江戸時代、肥前佐賀［現在の佐賀県］でのこと。ある夜、大きな猫が現われて、殿の側室お

「鍋島の化け猫騒動」を描いた19世紀の版画。巨大な化け猫が女性の喉元に噛みついている。二股に分かれた尾が特徴的である。

豊という女性の寝室に入っていくと、猫はお豊を殺し、彼女の姿に化けて成り代わった。何も知らない殿は、偽のお豊を変わらず愛するが、夜ごとに彼は弱っていき、ついには医者もなす術がないほど衰弱してしまった。夜になると特に苦しみ、悪夢に苛まれているようだったため、多勢の家来が、夜の警備をすることになった。しかし、深夜二時になろうとする頃、家来は皆、睡魔に襲われて眠り込んでしまった。偽のお豊はその隙に殿の部屋に忍び入り、日が昇るまでその喉元にしゃぶりついて離れなかったのである。そして他の日、ある侍が夜番をすることになった。彼は、殿にはきっと何かがとり憑いていると思い、自分は眠らされることはないよう、太ももに短刀を突き立て、眠くなったらそれを捻って目を覚ましたのだった。そうしてついに、殿に忍び寄る美しい女を目にした。侍は女から瞬時も目を背けず、妖術を使う隙を与えなかった。仕方なく女は退散していった。次の夜も同じことが起こった。確信を得た侍は、偽者を退治すべく、お豊の部屋へ行き、偽のお豊を退治するのだった[*7]［鍋島家で起こった化け猫の伝説「鍋島の化け猫騒動」は、写本や講談、芝居（歌舞伎）にもなり、ここで紹介する話とは別のパターンも多数ある］。

このような化け猫の伝承は歌舞伎にもよく登場し、人々によく知られるようになった。四代目鶴屋南北の『独道中《ひとりたび》五十三駅』に出てくる「岡崎の化け猫」は、老婆に姿を変えており、寺院に奉公する女性たちを襲う。これを題材にした歌川国芳［一七九八〜一八六一年］の浮世絵（一八三五年頃）では、憎悪に顔を歪ませた女が画面中央でひざまずいているが、その頭には、大きな猫の耳がついている。着物の袖からのぞいているのは、爪を出した猫の前足。背後には目を剥いた巨大な猫がうずくまっている。画面の両端には、女に化けた猫を退治しようと侍が構えている。さらに、侍たちの足元では、頭に手ぬぐいを巻いた猫が立ち上がって踊っているが、これは民間伝承をもとにしている[*8]。

ある昔話では、旅の僧が山中にぽつりと立つ寺に一夜の宿をとったところ、この踊りを目にする。猫たちは「しっぺい太郎に知られるな」という言葉ばかりを叫んでいるのだった。翌日、侍は近くの農村でこんな話を聞いた。この猫たちは毎年、村人たちに命じて、村一番の娘をつづらに入れてその寺へ運ばせ、山の神に食わせるのだという。侍は猫たちが叫んだ「しっぺい太郎」が何か役に立つかもしれないと思い、一体それは何のことかと

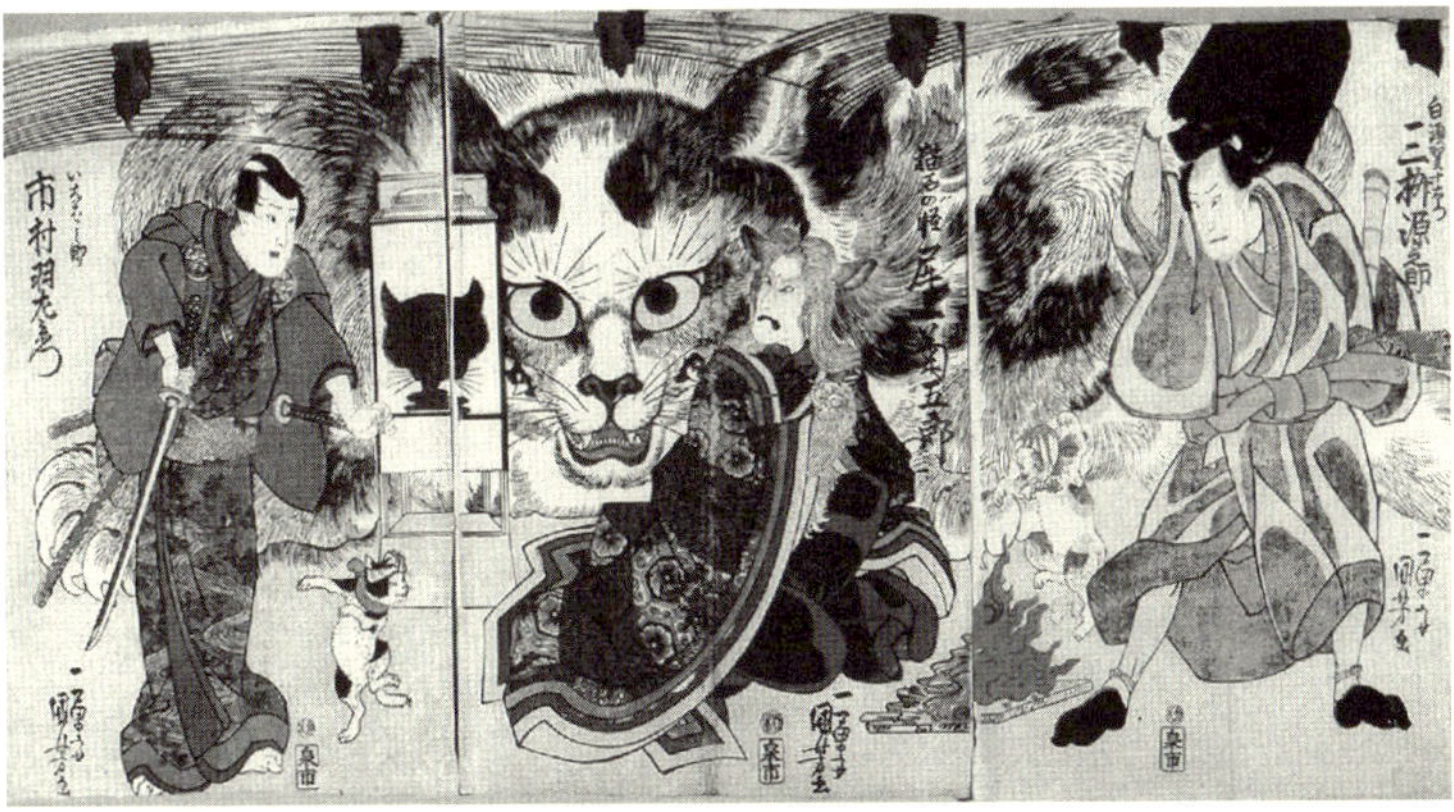

歌川国芳は浮世絵で「岡崎の化け猫」を描いた。猫は老婆の姿をまといながらも、その耳と手は猫のものである。それを退治しようと2人の侍が身構える。

村人たちに尋ねた。なんでも、村の頭が飼っている勇敢な犬の名前らしい。なるほどと思った侍は、その犬を借り、娘の代わりにつづらに入れて寺へ運ばせた。真夜中になると、前夜の猫たちがまた現われたが、今夜はその中に恐ろしい顔をした巨大な雄猫がいた。雄猫はつづらを見ると歓喜の声をあげて飛びついた。しばらく外からなぶるように「ごちそう」に声をかけてから、雄猫は、それでは、とばかりにつづらを開けた。すかさず跳び出したしっぺい太郎は、雄猫を押さえ込み、それを侍が斬り殺した。しっぺい太郎は残った猫たちも皆殺しにした。こうして村には平和が戻ったのだった[*9]［猫ではなく猿だったなど、諸説ある］。

邪悪な力を持たされた猫

猫がたくさん集まると、何か悪いことがあるのではないかと考えたのは、西洋でも同じだった。猫は近所の仲間とともに、人間禁制の集会をすると言われていた。尾の先を切ればそのようなことはしなくなると言われることもあった。猫の集会にまつわる話は、フランスのブルターニュ地方にもある。近所の猫たちが日を決めて、月明かりをたよりに、妖精の石［奇妙な形をした石のこと］や立石［新石器時代の巨石構造物で、細長い柱状の石を立てたもの。ブルターニュ地方に多い］のところに集まるのだ。賢い人間であれば、そのような現場には近寄らないのだが、ジャン・フーコーという男が酔っ払って、歌いながら帰っていたところ、猫の集会の中に踏み込んでしまった。猫たちは威嚇するように背中を丸めて尻尾を立て、光る目でじっと睨みつける。彼は言葉を失った。一番大きい猫が向かってきたとき、彼は目を閉じ、「これまでの罪をお許しください」と神に祈った。八つ裂きを覚悟したのだ。ところが、彼を待っていたのは、喉を鳴らしながら脚にまとわりつく猫の暖かな感触だった。それはジャンの飼い猫で、ほかの猫に道をあけるよう頼みつつ、帰路を案内してくれたのだった。猫がその超常的な力で何かしてくるのではないかと人間が思う点では伝統的な話だが、ここには、猫はよきパートナーになり得るという近代的な視点が加わっている。

アイルランド民話『オウニーとオウニー・ナ・ピーク』は、主人公が猫の集会現場で盗み聞きした話を実行して、大儲けをする話だ。オウニーはある夜、墓場に迷い込んでしまった。そこにはたくさんの猫が集まっていて、なんと自分の飼い猫までいる。隠れて猫たちの話を聞いたオウニーは、王の盲目を治す秘法を知った。家に帰って従兄弟のオウニー・ナ・ピークにそれを伝えようとするが、飼い猫はどうも家族の会話を聞いているらしい。はやる気持ちを抑えつつ、猫が部屋を出るまで待つと、きちんとドアを閉めてから彼は話を始めるのだった。

フランス、ガスコーニュ地方の農夫たちは、一九世紀になっても、猫は悪魔と契約を結んでいると固く信じていた。「愚か者は猫に対して何の用心もしないが、分別ある者は猫を信用しない。夜、邪悪なものが集まってくると、猫はその周囲で見張りをし、報酬を得

禁酒運動の集会を率いる猫。M・ブリエールの素描『猫の集会』(1912年)。

ている」というのだが、実は農夫たちには、猫が具体的に何をして、何をもらっているのか、何の確証もなかった。昼間寝ている（か、そのふりをしている）のは、夜通し仕事をして疲れているからだろう、朝になると悪魔がいないのは猫の見張りが優秀だからだろうと考えたのだ。猫を飼っていても、あまり馴れ馴れしくするのは、特に良くないとされた。猫には本来、人間より低い地位にいるという意識はないため、甘やかすと勘違いをし、思ったような待遇が得られないと報復に出るというのがその理由だった。フランスに伝わる逸話によると、ある女性は猫を家族同様に愛し、一緒の食卓で食事をしていた。あるとき来客があったので猫をどかせたところ、夜の間に猫は、飼い主の喉に噛みつき、殺したという。別の逸話でも、猫は同じように報復をしている。この猫は飼い主が教会に出かけている間に、人間の服を着たことで罰を受けていたのである。[*10]

猫に超自然的な邪悪さを見出したのは伝承だけではない。科学的に猫を捉えようとした場合でも、見方は大して変わらなかった。根拠となったのは、実際に見られる二つの事柄だった。一つは、猫恐怖症だ。目の前で猫が突然予測不能な動きをしたり、大きな目でじっと見つめられたりすると、過剰に反応してしまうのだ。一般的な動物恐怖とは趣を異にしており、単独で考えられてきた。ひどい場合はパニック発作を起こし、気を失うこともあるほどだ。もう一つは猫アレルギーで（より正確に言うと、猫が自らの体を舐めたときに剥がれ落ちる、唾液のついた角質に対するアレルギー）、猫恐怖症よりはるかに一般的であり、アメリカでは人口の五〜一〇%に見られる。涙や鼻水といった症状だけでなく、ひどい場合は喘息を引き起こし、呼吸ができなくなることもある。フランスの外科医アンブロワーズ・パレ［一五一〇〜九〇年］は、これらの現象を過大に問題視して、猫をきわめて危険な動物とした。「毒について」（一五七五年頃）という論文の中でパレは、感受性の強い人は猫に見つめられると気を失うとして、猫のもたらすあらゆる害悪を想像して、長々と書き連ねた。猫の脳、毛、呼気は人間にとって有毒であるとか、一緒に寝ると肺炎を起こすといった具合だ。[*11]

エドワード・トプセル［一五七二頃〜一六二五年、イギリスの牧師、作家］は、『四足獣、蛇、昆虫の歴史』（一六〇七年）の中で、パレの説を詳しく解説している。「猫と寝ると肺炎を起こすのは、猫の呼気が肺を破壊するから」「猫の肉は有毒である」「歯には毒があるので、噛まれると死ぬ」「毛を無意識に吸い込むと窒息する」など、彼なりの科学研究であった。猫恐怖症についても、パレと同様に、猫が有害であるとする根拠を挙げている。猫を恐れるあまり癇癪、不安、発汗を起こし、帽子を無作法にかなぐり捨てて体を震わせる人がいるため、「猫の視線それ自体が有害である」としたのである。さらに、猫はいろいろな鳴き方をすることから、話す能力についても示唆している。「猫同士でのみ通じる特殊な言語がある」のだと。また、猫がざらざらした舌で激しく舐めてきたとき、「にじみ出た人間の血が唾液と混じると、猫は気が狂う」、夜になると猫の目は「燃えるように輝き、耐え難い気味悪さである」（この二つは、古代ローマのプリニウスが、ライオンやヒョウについて述べたことを流用している）といったことも言っている。トプセルがこうして猫の害をあげつらったことには、猫とむやみに交わるべきでないという啓発の意図もあった。「永遠の命」を得ることのない動物に、親愛の情を持つこと自体がそもそも不敬なのだということと同時に、避けられる危険は避けるべきだとも考えたのだった。トプセルは修道院で飼っていた猫を撫でて病気になった修道士の例を挙げ、猫がヘビをもてあそんだときに、ヘビの毒が体につくと、猫自身は平気でも、それに人間が触れると有毒なのだろうと言った。そして、「魔女の使いは、猫の姿をしていることが最も多い。この動物が心にも

エドワード・トプセル『四足獣の歴史』（1607年）の挿絵から。

体にも危険である証拠である」とまとめているのだった。[*12]

ジョセフ・アディソン［一六七二〜一七一九年、イギリスの作家、政治家］は、一七一一年に、自ら創刊した雑誌『スペクテーター』に寄稿し、魔女信仰を批判した。その頃にはすでに教養ある人々の間では、それは中世の迷信に過ぎなくなっていたが、魔女といえば猫という組み合わせが定着したのも、またこの頃だった。アディソンの近所には何でもすぐに信じてしまうような人々がいて、モル・ホワイトという女性が魔女なのではないかという噂が広まっていた。その理由が猫だったのだ。彼女には可愛がっているぶち猫がいた。「きっと猫が使い魔なのだろう、二度三度、彼女と言葉を交わしたこともあるらしい」とか、「普通の猫にはできないような悪戯もいくつかしたことがあるらしい」などと言われていたのだ。[*13]

猫に魅せられていった人たち

一九世紀のロマン主義において、猫と魔女はともに興味を引く題材として扱われるようになった。魔術に心惹かれ、かつ猫も愛好する人が多くなった結果、それまで敵意の対象だった猫の特質――人間との距離感、夜の単独行動、予測不能な動き――を、悪魔と結びつければもっと面白いものができるのではないかと考えたのだ。イギリスの詩人、小説家のウォルター・スコット［一七七一〜一八三二年］はペット愛好家で、特に猫を可愛がっていた。あるとき訪問客が彼の猫を見て、あの猫は文字を理解しているように見えると言ったとき、次のように答えたという。「ああ、猫は謎めいた生き物なんだよ。私たちが気付いている以上に多くのことが、猫の心の内では起こっているんだ。猫が魔女や魔法使いと、とても親しい関係なことからも疑いようがない［*14］」

アメリカの小説家エドガー・アラン・ポー［一八〇九〜四九年］も愛猫家であったが、「黒猫はどれもこれも魔女だ」と書いている［*15］。

一九世紀フランスの画家たちの多くは、「お上品なブルジョワ」の人々と一線を画すことを誇りとしていた。そんな彼らにとって、猫は自分たちの生き方を体現するシンボルだった。悪魔の使いとされてきた猫に、伝統やしきたりを拒絶する自分たちの姿を重ねたのだ。また、猫の鋭敏さと、悪徳との親和性の中にもそれぞれ、画家としての豊かな感受性と、ブルジョワへの反発という自分たちの誇りを見出していた。悪魔的なものや禁じられたものに接近することは、善良な人間には分からないものが分かるという優越感をもたらすものだ。善とは距離をおいたところで凛としている猫の姿を、絵によって人々を教えを説くのではなく、純粋に芸術を追究しようとする自分たちの姿と重ね合わせたのだった。フランスの画家ギュスターヴ・クールベ［一八一九〜七七年］の『画家のアトリエ』（一八五五年）では、数多の人々が描かれた画面の前景中央に猫がいるが、どの人間の行動にもまったく関心を示さずに独りで遊んでいる。これはクールべ自身の、因習や画壇への無関心さを象徴している。

同じく一九世紀に、フランスの詩人テオフィル・ゴーチエ［一八一一〜七二年］が猫の魅力について述べている。友人だった詩人ボードレールを偲んで編集した詩集に寄せた前書きの中で、猫の美しさと、飽きることのない魅力（これは、流派を問わず近代の文学者がこぞって称賛した）を語った。「災いの神との関係性や、超常的な能力もまた魅力のうちであり、それは賢明なエジプト人たちが崇拝した祖先から受け継いだものである」とも述べている。古代エジプトで猫が高い地位にあった事実が、この頃の考古学研究により再び脚光を浴びるようになっており、一九世紀の時流に乗って猫愛好家たちの心をつかみ、ことさらに流布されたのだ。しかし、ゴーチエを特に魅了したのは、猫の神秘的、オカルト的な側面であった。

> 燐光を放つ猫の目はランタンの役目を果し、背中から発する火花に助けられて、猫たちは臆せず暗闇を彷徨する。出会うものは、迷いでた幽霊、魔女、錬金術師、降霊術師、蘇生術師、恋人たち、いかさま師、殺し屋、灰色のパトロール隊など、もっぱら夜中に家を出て活動する胡散臭い虫けらどもだ。[*16]

このようにゴーチエが猫の悪魔的な側面を好んだのは事実だろうが、表向きにそう言っていた面も多分にある。実際、彼の飼っていた猫たち（一匹はマダム・テオフィルと言った）は、どれも愛嬌のあるペットであった。それでも、猫を見て自分の心の暗い部分に思いを馳せるなら、それはそれで正しい態度だろう。ボードレールも家ではたいそう猫を可愛がっていたが、詩人としては猫の持つ悪の部分を強調し、自分と猫とはその点では同じなのだと述べていた。

二〇世紀アメリカの怪奇ファンタジー作家H・P・ラヴクラフト［一八九〇〜一九三七年］にも、同じような態度が見られる。彼もまた愛猫家だったが、作品中では、恐怖に対する自分の愛憎入り混じった感情を、猫を通して表現した。彼の描く恐怖は身の毛もよだつようなものであるが、思慮深い読者なら惹きつけられずにいられないだろう。なぜならそれらは、常人たちの見えている健全かつ味気ない世界の底に潜んでいる現実だからである。猫はそこへ読者を導く役割をしているが、その猫自身までがおぞましいものになることはない。不気味な存在ではあるが、嫌悪感を抱かせるようなものでもない。悪夢の世界の住人ではあるが、人間の同居人として安心感を与える存在でもある。『壁のなかのネズミ』では、先祖代々の家に住む主人公とその飼い猫が、そこに潜む怪異な現象に興味を惹かれていく。主人公は謎を解いてやろうと地下世界へとどんどん進んでいくが、猫は進んでいこうとしないのである。『未知なるカダスを夢に求めて』では、月の裏側にある恐怖の世界に迷い込んだ主人公の耳に、猫たちの鳴き声が聞こえる。彼を地球に連れ戻すために来てくれたのだ。随筆『猫について』(一九二六年)の中でラヴクラフトは、悪への関心がない者は因習に同調するだけだというゴーチエの指摘ついて、さらに明確に述べている。「アメリカに根づく感情的な道徳心や男性性や社交性についての薄っぺらな概念を犬は人間と共有しているが、猫はそうではない。表面的な友好性をまとって他者と交わったり、あるいは他者に奴隷的に献身したりといったことに価値を見出さない点において、愛犬家よりも愛猫家のほうが優れている」と言った。ラヴクラフト自身、自らの美的感覚のみに従って自由に生きた。生まれながらの才能以外、何ものも頼りにしないのは、猫と同じだったのだ。[*17]

一九世紀の作家の中でも、現実主義的な表現に多少なりとも傾倒した者は、猫の不穏なイメージを非現実的にならない範囲内で巧みに利用した。作品中で猫に超常的な力が与えられていても、読者にさもありなんと思わせる描き方をするのだ。エドガー・アラン・ポーの『黒猫』(一八四三年)では、猫は本来知るはずのないことを知っていて、それをもとに人間を罰しようとしているかのように物語が展開される。主人公は善良な男だったが、アルコールに依存し、可愛がっていた黒猫プルートーを虐待するようになる。プルートーは当然ながら彼を避けるようになるが、それによって自分の陥った現実を突きつけられるように感じた主人公は、あるとき黒猫の片目を抉《えぐ》り出し、木に吊るして殺してしまう。後に彼はそっくりな黒猫を見つけ、大切に飼い始めるのだが、どけようとしてもしきりに擦り寄ってきたり、体によじ登ってきたりするその猫の態度に「お前は猫を殺したな。罰を与えてやる」と言われているように感じ始めるのだった。ここでの黒猫は、猫として自然な振舞いをしているだけなのだが、黄泉の国から来た復讐者であるかのように感じさせる。プルートーにそっくりであることもさらにその感覚を倍増させている。猫の存在により、主人公はついに身の破滅に至る。階段を降りる脚に猫がまとわりつくと、彼はついに殺意を抱き、猫に向かって斧を振り下ろそうとした。しかし、それを止めようとした妻を彼は殺してしまう。地下室の壁の中に遺体を埋め込み、警察の目を欺くことができたと思った矢先、壁の中から猫の鳴き声が聞こえた。彼はいつの間にか、妻の遺体とともに猫を壁の中に埋めていたのだった。この猫は悪事をすべて見通し、罰するギリシャの女神ネメシスのような存在に見えると同時に、主人公を犯罪に駆り立て破滅させることで過去の罪をあがなわせようと悪魔が使わした者のようにも見える。主人公は、「猫が私を人殺しに誘った」と言うが、すべては彼が心の中で作り上げた物語である。悪魔が潜んでいたのは、猫ではなく、彼自身の中だったのだ。[*18]

チャールズ・ディケンズ［一八一二〜七〇年、イギリスの小説家］の『荒涼館《こうりょうかん》』では、レディー・ジェーンという大きな灰色の猫が出てくる。胡散臭い古道具屋クルックが毛皮にする目的で飼ったのだが、情が移ってしまって殺すのをやめたのだ。この猫は常にクルックにつきまとったり、死人がいる部屋からしなやかな尻尾を振って、唇をなめながら出て行ったり、古道具屋の下宿人ミス・フライトの小鳥を狙っていたりと、登場するたび怪しげな雰囲気を醸し出している。[*19] ディケンズは、当時の社会を、人を食い物にするものだと感じていたが、レディー・ジェーンはクルックとともに、それを象徴しているものだと言えるだろう。この組み合わせは、魔女とその使いという伝統的なイメージと類似しており、それによって邪悪さがさらに強調される。また、クルックが物事に妙に詳しいこと、底意地が悪いこと、そして最後に自然発火して死んでしまうことは、強く魔女を想起させるものである。レディー・ジェーンについても然りで、クルックと悪との橋渡しの役割を担っている。ディケンズは愛猫家だったが、小説中では猫を邪悪な存在として用いている。『ドンビー父子』では、ドンビー父子商会の支配人カーカーをしばしば猫に喩え、その卑劣さを強調した。[*20]

エミール・ゾラ［一八四〇〜一九〇二年、フランスの自然主義小説家］の『テレーズ・ラカン』では、飼い猫が不吉な力を持つのは、殺人者が自分の心を投影したときのみとしている。ゾラは不思議な力で人間の罪を告発する者としての猫を、見事に自然主義文学の中で実現してみせた。殺人者のロランは農村の出身であり、悪いことをすると必ず猫が見ているという概念が染みついている。そのため、殺した男カミーユの母であるラカン夫人の猫フランソワが殺人のことを知っていて、自分を告発するのではないかという思いに襲われるのだった。同時にゾラは、罪の意識に苛まれるロランの心理を客観的に描くことも忘れない。

それによりフランソワは、何も考えていない、何の悪気もない、ただの動物に過ぎなくなる。簡単に手に入る苛め甲斐のある存在としての猫と何の変わりもない。

主人公テレーズの夫カミーユとその母ラカン夫人は、テレーズが夫の寝室で浮気相手のロランと愛を交わしてもまったく気づかないような人物である。しかし猫のフランソワは見ていたのである。まばたきひとつせず、ふたりを注意深く観察するのだ。テレーズはこれを面白がるが、猫嫌いのロランは、気味悪く感じ、部屋から猫を追い出したのだった。ロランの気持ちは理解できる。猫の泰然とした視線は、すべてを漏れなく、何の感情移入もせずにすべてを見透かしているように見える。テレーズとロランがカミーユを溺死させた後、猫の行動はきわめて自然ながら、二人の罪の意識と不安を増大させていく。結婚初夜、フランソワがドアを引っ掻く音に、死んだカミーユがやって来たのではないかと思う。恐れをなした二人の様子とロランの敵意に対して猫は、椅子にあがると、毛を逆立たせて、にらみつけた。猫として自然な防衛反応だが、ロランはこれを復讐の予告として脅威に感じる。窓から投げ出してやりたいと思ったが怖くてできず、ロランはドアを開け放した。毛を逆立てた恐ろしい動物（本当は小さな弱い動物だが）は、「ニャッ」と鳴いて、逃げていったのだった。[*21]

物語中でフランソワは人間の罪を咎める良心を体現したものとして、その重要度を増していくが、普通の猫であることに終始変わりはない。それでも、すべてを見透かしているような視線や、感情をはっきり体で表すさまが、ロランにとっては、悪魔が罰を与えようとしているように見えるのだ。また、猫は小さな動物ながら、何にも従うことはなく、戦うべきときにはためらわず獰猛さを見せることも、ロランにとっては脅威であっただろう。『テレーズ・ラカン』では、人間は例外なく愚かなものとして描かれる。その人間社会の中に暮らすフランソワだけが唯一、あるべき姿を失わずに凛としているのだった。

二〇世紀後半になると、人々の間に霊的、オカルト的な興味が高まり、魔術や超能力を本気で信じる人々が再び現われた。もっともこれは過去のように悪魔的なものでも、また娯楽として人にスリルを与えるようなものでもなかった。現代において魔術とは、自然宗教を洗練させたようなもので、理屈あるいは五感だけでは捉えきれないものを感じる第六感のようなものだった。その点において、猫の鋭敏さが注目されるのは自然なことだろう。「現代の魔女」として活動したマリオン・ウェインスタイン〔一九三九〜二〇〇九年、アメリカ。書籍執筆のほか、テレビやラジオにも出演していた〕によると、猫は実に協力的パートナーなのだという。人間の心が読めるうえ、霊との相性も良いのだと彼女はまじめに語っている。イギリスの美術史家フレッド・ゲティングズ〔一九三七年〜〕は『猫の不思議な物語』の中で、すべての猫は、人間には手の届かない霊的な領域に住んでいると述べている。実験心理学者デーヴィッド・グリーンは、猫はテレパシー（盲導犬に用いるような視覚的合図とは異なるもの）を使って、人間の考えを理解し、飼い主と知的で有意義な会話をすることができると言っている。[*22]

幸運をもたらす猫

魔力を持つとされたほかの動物と同様、猫は悪運だけでなく幸運ももたらすと言われていた（それでも悪魔の手は借りているとされたが）。フランスの伝承に出てくるマタゴという雄の黒猫は、飼い主を金持ちにする。しかし、西洋の伝統の中では、人間に好意的な猫は少なく、たいていは邪悪なものである。人の役に立つときも、必ず自分のやりたいように事を運ぶ。あるフランス民話では、ひどく貧しい農夫が、猫を捕まえ、祭りの生贄として売ろうと思い立つ。この話が成立した時代には、猫がまだ悪魔だと信じられており、五月祭で広場に飾る五月柱《メイポール》に、猫をたくさん吊るす風習があったのだ。農夫が黒い雄猫を見つけ、捕まえようとしたとき、猫はひょいと逃げてこう言った。

「ばか者め、こんなことをしている場合か。すべてを失いたくなければ、さっさと家に帰ることだな」農夫が家に帰り着くと、なんと家が燃えている。幸い消し止めることができたが、もう少し遅ければ全焼していただろう。

「しゃべる猫というのは魔法使いだ。私は魔法使いに借りをつくってしまったらしい」と彼は言った。すると

「そうともさ」と後ろで声がした。振り返ると、さっきの猫だった。悠然とヒゲを舐めている。

「出て行け、悪党め」農夫は十字を切りながら叫んだ。「さもないと聖水をぶっかけるぞ」

「聖水だろうがなかろうか、俺は、水は嫌いだ」猫は言った。

「恩知らずな奴だが、まあいいさ。いいことを教えてやろう。よく聞け。お前は毎日朝から晩まで畑を耕しても、パンに塗るラードも買えないありさまだ。だが、お前がまだ手をつけていない角の場所を掘り起こせば、金持ちになれるぞ。ほら、いつも避けているあの場所さ。分かったら調べてみろ」

農夫ははじめ、猫の言っていることが信じられなかった。土地はもう隅々まで耕したはずだ。が、少し考えて、もしかすると便所の下かもしれないと思いついた。からかわれているのではないかという思いもあったが、今はとにかく金が欲しい。糞便をかきわけていくと、箱が出てきた。その中は、あふれんばかりの金塊や宝石だったのである。[*23]

猫が自ら積極的に人間と関わり、人間の知らないことを知らせることで報酬を得ようとする物語のパターンもある。アイルランドの民話では、ジュディという老女がある晩遅くまで糸を紡いでいると、外から声が聞こえた。

「ジュディ、入れてください。寒くて、お腹が減って仕方ないのです」迷子かと思ってドアを開けると、入ってきたのは、胸の部分が白い黒猫と、白い二匹の子猫だった。猫は暖炉の前で温まった。子猫はうれしそうに喉を鳴らしていた。それから母猫が話し始めた。「あまり遅くまで糸を紡いでいてはいけませんよ。妖精たちがあなたの部屋で会合をしようとしています。いつまでたってもあなたが退かないので、妖精たちは怒ってあなたを殺そうとしていたのです。私たちが今日ここに来なければ、あなたはもう死んでいたでしょう。いいですね。さて、ミルクをいただけるかしら？　私たちはもう行かなければ」

ミルクを飲み終えると「おやすみなさい、ジュディ。あなたの親切は決して忘れません」と母猫は言い残して、子猫を連れて煙突から出て行った。後には銀貨が一枚残っていた。それはジュディが一カ月糸紡ぎをしても得られない大金だった。[*24]

フランスのラングドック地方に伝わる「小さな白猫」に登場する猫は、親切にしれくれた人間には幸運をもたらすが、そうでない人間には容赦はしない。ある城に、幽霊が住んでいた。そこで王様が、城で一晩過ごした者には一〇〇〇フラン与えると宣言したところ、ある老女が、白い小さな飼い猫を連れてやって来た。老女は持参した子羊の脚を焼き、猫にも自分と同じ分だけ与えてやった。すると猫は、彼女に幽霊を部屋に入れない方法を教えてくれた。そうして無事に一晩過ごした老女は、約束の報酬を得たのだった。それを聞きつけた隣人が、同じようにして、自分も一儲けしてやろうと企んだ。しかし隣人は、子羊の肉を全部一人で食べ、猫には骨しかやらなかった。「さあ、どうすれば幽霊を除けられるのか」と聞かれた猫は嘘を教え、隠れてしまった。そして現われた幽霊に、隣人は食べられてしまうのである。猫は悠々と帰っていき、飼い主にことの顛末を話したのだった。[*25]

不思議な力で人を助ける猫で最も有名なのは、『長靴をはいた猫』だろう。この猫は、その地位こそ中世以来お決まりの「農夫の飼い猫」という低いものにとどまっているが、猫らしからぬ能力を持っている。また、小賢しいトリックスター［人間に知恵や道具を与える一方、社会の秩序や道徳を乱す者］である点では、前章で紹介した中世ヨーロッパの口承寓話『狐物語』に出てくる猫と同じでありながら、喜劇には昔からよく登場する賢い召使いとしての役割も担っている。

ある粉屋が遺産として、長男には粉ひき器を、次男にはロバを、三男には猫を与えた。三男は絶望する。猫はその肉を食べて、毛皮で手袋をつくったらそれでおしまいだ。しかし猫は、袋と長靴さえくれれば、出世させてあげると言う。この猫は賢く、策を凝らしてネズミを取ることを三男は知ってはいたが、あまり期待はしなかった。それでも一応、猫の望むとおりにしてやるのである。ここでの長靴は、猫の脚によく見られる靴（あるいは靴下）のような柄（元アメリカ大統領ビル・クリントンの猫も、それにちなんで「ソックス」という名前だった）をユーモラスに表現しているとも考えられるが、むしろ、猫がそれを履くことによって、自分の地位が低いことに対し、人間に異議申し立てをしていると考えられる。

ギュスターヴ・ドレ［1832～83年、フランスの挿絵画家］による『長靴をはいた猫』の挿絵。人食い鬼をそそのかす場面（1862年）。

猫は袋を使って獲物を捕らえると、王のところへ持っていき、カラバ侯爵（猫が適当に考えた称号）からの贈り物といって献上した。これを何度もしているうちに、王は広大な土地と立派な城を持つカラバ侯爵という者が、本当にいると思うようになった。

最後に猫は、富豪である人食い鬼の城へ行き、言葉巧みに鬼をけしかけ、ネズミに化けさせると、そのまま化けた鬼を食べてしまう。ちょうどそのとき、城の前を通りがかった王のもとへ猫は駆けつけ「我が主人の城へようこそ！」と言うと、王は城の壮麗さに感心し、娘をぜひカラバ侯爵の婿にしたいと申し出たのである。貧しい者の視点から書かれているのは『狐物語』と同じだが、ここでは猫に悪知恵という能力が与えられている。王も鬼も難なく騙してしまう猫は、物語中で唯一、知性を持った存在として、主人に指図もしなければ（これが犬や馬なら違ったかもしれない）誰にも相談することもなく、すべてを自分ひとりでやってのけるのである。この物語は一五五三年、イタリアの作家ストラパローラ［一五〇〇頃～一五五七年］によってはじめて文字になった。現在最も有名なのは、フランスの詩人シャルル・ペローによる一六九七年のものである。[*26]

猫の存在が知られていない土地に猫がもたらされる話もたくさんある。食料を食い荒らすネズミに対して途方にくれていた人々が、その鮮やかなネズミ捕りに神業を見るように驚嘆するのだ。イギリスでは、中世にロンドン市長を務めたリチャード・ウィッティントン（通称ディック）［一三五四～一四二三年］の伝説として語り継がれている。同様の物語は、

リチャード・ウィッティントンの伝説の一場面。猫をはじめて見るムーア人たちが、鮮やかなネズミ捕りに驚嘆している。アーサー・ラッカム[1867〜1939年、イギリスの挿絵画家]の画。

二六カ国で確認することができる。

スース博士［本名セオドア・スース・ガイゼル。一九〇四〜九一年、アメリカの作家、挿絵画家。スース博士の名で絵本を書いた］の童話『帽子をかぶった猫』は、現代版の魔法の猫の物語だ。何もすることがない雨の日に、二人っきりで留守番をすることになった兄妹のもとに、どこからともなく現われた猫が大騒動を引き起こす。猫が持ってきた魔法の箱から飛び出したものたちが、家中をめちゃめちゃに散らかしてしまう。猫が魔法を解く機械で、すべて元通りにしたちょうどそのとき、お母さんが帰ってくるという話だ。この猫は忠告に耳を貸そうともせず、その点は猫らしいと言えば猫らしいが、やや危うい存在でもある。しかし、味

リチャード・ウィッティントンの肖像画。彼の逸話には常に猫が登場する。R・エルストラッケ［1590頃〜1630年、イギリスの彫版師］による肖像画（1618年頃）。

気ない日常に刺激を与えてくれているのも確かだ。

日本の伝説や民話では、幸運をもたらす猫も多く登場する。その一つである「招き猫」は、日本中さまざまなところで見ることができるうえ、今や中国や中国系アメリカの商社にまで広まっている。むっちり太った笑顔の猫が、おいでおいでと手招きをすると、その家には幸運と繁栄が寄ってくる。招き猫の起源として有力なのは、東京の豪徳寺に伝わる物語であり、寺に文書としても残されている。一六一五年、豪徳寺は荒れ果て、檀家もいない状態だった。ある日、ただ一人残った僧が「猫のお前に助けてくれとは言わんが、もし人間だったらきっと何かしてくれるだろうな」と猫に向かって嘆いた。それから間もなくのことだった。大名の一行が寺の近くで嵐に遭った。大名がふと見ると、寺の門のところで猫が手招きをしている。それに従って、一行は寺に避難することとなった。僧の説教に感服し、寺の現状に心を痛めた大名は、豪徳寺を家の菩提寺とした。以降、寺に繁栄をもたらしたものとして、そこでは猫が大切にされている。猫はきちんと墓地に埋葬され、寺でも、その近所でも、招き猫が販売されている。[*27]

招き猫は、ほとんどが三毛猫であった。実は三毛猫は、特に船乗りの間で好まれた。嵐が来るのを予見するというのがその理由だ。また、波間に漂う溺死者の霊を、帆によじ登って追い払ってくれるとも言われていた。そういうわけで、海に出るときに、三毛猫を船に乗せていたのだ。

京都の東福寺にある大涅槃図《だいねはんず》には猫が描かれているが、これも似たような伝説によるものである。兆殿司《ちょうでんす》［一三五一～一四三一年、室町時代前・中期の画家］が、大涅槃図を描いていたある日、どこからともなく一匹の猫が現れて、絵の具を持ってきた。しかも何度も同じことを繰り返したのだ。そこで殿司は、絵に猫を書き込んでお返しとしたのだった。これは猫にとって大きな名誉回復だった。仏教において猫は、仏陀入滅の際に関心を払わなかったため、不敬なものとされてきたからだ［＊28］［諸説ある］。

タイでは伝統的に、猫がさらに良いイメージで捉えられている。タイの『猫詩集』に登場する一七種の猫は、きちんと世話をすると幸運を呼ぶと言われている。この詩集は単なる民話と異なり、宗教的な教えを学者たちが韻文にして書き留めた権威のある文書を、寺院や宮殿で保管したものだ。現存する写本は一九世紀のものだが、その中身はずっと古い。この詩集にはいくつかの版があるが、どれも一七種の猫を絵で描写している。黒と白が混ざったものが一二種で、あとは黒、白、茶（今のビルマネコのようなもの）、灰色（今のコラットという猫に似ている）、そして薄い色の地に黒いぶちのあるもの（今のシャムネコのようなもの）が一つずつである。これらの猫を飼い、育てると、一家に富と健康、奴隷や召使い、権力や地位が約束され、敵が逃げていくと言われてきた。また、耳の白い黒猫は、学問での成功をもたらすという。当然、これらの猫は大切にしなければならない。「猫は蔑んだり、叩いたりすることなく、愛を持って世話をするように。食べ物も良いものを与えなさい。特に米と魚は大切だ」という。また、猫が亡くなったら、きちんと埋葬し、お供えもしなければならない。詩集ではどの猫も凛と顔を上げ、人を疑うことのない幸せな姿で描かれている［口絵7頁］。

一方で、『猫詩集』に挙げられていない猫は可愛がったり世話をしたりしてはならないとされていたのも事実だ。飼うと富や地位を失ってしまうという猫も存在していた。悪運の猫には、アルビノ［遺伝的要因により色素が欠乏し、白色または著しい淡色となった個体のこと］や、トラ猫のように外見上の特徴で規定されたものもあったが、多くはその行動によって決められていた。魚をよく盗むもの、子猫を食べる、あるいは死産するもの、離れをうろつくもの、人を見て逃げるもの、意地の悪いものなどだ。トラ猫や縞猫は、トラのように獰猛であるとされていた。それに対し、幸運の猫たちは行儀が良いと言われていた。[*29] ただし、大切にしてはならない猫は、数の少ないものだった。アルビノは稀にしか起こらない突然変異であり、トラ猫もタイでは西洋ほど一般的ではない。タイで猫が概ね良い扱いを受けるようになったのは、こうしたことが絡んでいたのだろう。

ヨーロッパの物語では、猫がいくら良いものとして登場しても、忠誠心からその身を奉じることはない。しかし、アジアにはそのような話が存在している。江戸時代の伝説の遊女である薄雲太夫は、飼い猫を溺愛し、毎夜の散歩にも抱いていくほどだった。そのうち、薄雲は猫にとり憑れているという噂が立つようになった。あまりの親密さを見かねた楼主が、猫の首をはねてしまった。その首は宙を飛ぶと、ヘビの頭に噛みついた。ヘビが薄雲を狙っていたのだ。猫は死してなお、飼い主の恩に報いたのだった。ほかに、自分の体ほどもある化けネズミに命をかけて立ち向かう猫が、伝説や絵の中に登場する。ある寺には、境内に乞食のなりをして棲みついていた巨大なネズミを、命と引き換えに退治した猫の墓があるという。

佐渡には『おけさ』という昔話がある。貧しい夫婦に長年世話をされた猫が、夫婦の窮乏を救って恩に報いようと、おけさという名の芸者に姿を変える。おけさは芸者として成功し、夫婦のために金をたくさん儲けた。しかし、代償は大きかった。得意の踊りで客をもてなすのは苦にならなかったが、体を捧げることにはどうしても慣れなかった。ある夜、おけさは猫の姿で食事をしているのを客に見られてしまった。このことは誰にも言わないで欲しいと頼んだが、男はどうしても我慢ならず、人に話そうとする。そのとき、雲間から巨大な黒猫が現われ、男をさらっていってしまうのだった［諸説ある］。

また別の話では、ある魚屋が、取引をしている両替商の飼い猫にいつも魚を与えていた。魚屋は病気になり、店に出ることができなくなってしまう。ある朝、目を覚ますと、金貨が二枚、枕元に置いてあった。驚きながらも魚屋は、金が手に入って安心する。病気が治ってまた両替商のところへ行くと、いつも魚を待っている猫がいない。聞くと両替商は「あいつは金貨を盗んだから殺してやったんだ」と言う。魚屋が事実を話すと、両替商はひどく心を痛め、優しかった猫のために墓を立ててやったのだった。

タイの物語にも同じく、善いことをしたが誤解のために殺される猫が登場する。ある女性が家に帰ると、赤ん坊の姿がどこにも見えない。そこにいるのは飼い猫のみで、その口元には血がついていた。彼女は猫が赤ん坊を殺したのだと早とちりして、夫に頼んで猫を直ちに殺してしまった。そのすぐ後、赤ん坊が無事に見つかった。その側には、ヘビの死体が横たわっていたのである。赤ん坊を襲おうとしたヘビを猫が殺してくれたのだと彼女は悟るのだが、時すでに遅しという話だ。[*30]

一般に猫が飼われることのないインドでは、物語に英雄として登場する動物はマングースだ。ヨーロッパでは、美化して語られるのは犬のことが多く、猫がそのように扱われることは決してない。前述のタイの物語とそっくりの話がイギリスにあるが、その主人公はゲラートという名のハウンド犬だ。

3章
ペットとしての猫

古代エジプトが衰退した後の数世紀、猫を伴侶と考える人間はほとんどいなかったと言ってよい。そんな中、九世紀になって、猫への愛情を綴ったおそらく最初の文書が登場する。アイルランドの修道士が書き残した「白猫パンガー」と呼ばれる詩だ。

清貧を誓っている修道士としては、側に置いておける動物は猫しかいなかったのだろう。ひたすら書物を読み、筆写する自らの生活と猫の生活を重ね合わせ、その親近感を詩として書き留めたのだった。「猫のパンガーがネズミを追うように、自分は真理を追究する。浮世の名声など気にもかけず、両者とも飽くことなく大好きな仕事に没頭する（上手にネズミが捕れて喜ぶパンガーは、難しい書物を解読できたときの自分と同じと考えた）」。こうして二人は静かな調和の中、得意の仕事に淡々と取り組んだ。同胞としての意識を持ちながら、干渉はしないという絶妙な関係を、修道士は猫と結んだのだ。「神は生き物をそれぞれ別に創り出した」というのが、当時の教会の認識だったが、この修道士は自分と猫との間に近似性を見出していたのだ。

フランスの詩人ジョアシャン・デュ・ベレー［一五二二頃〜六〇年］は、飼い猫を愛するあまり、その死後、二〇〇行にわたる詩を書いた（一五五八年頃）。当時の風潮から、猫を弔うとはどうかしているのではないかと言われるのを恐れてか、恋人を称える伝統的な詩の形式を一種パロディーのようにして用い、悲しみを誇張し、失ったものがいかに美しかったかを滔々《とうとう》と述べている。それでもやはり、その描写は、彼の猫に対する愛情がにじみ出るものである。そのブローという名の猫の、銀白色の毛並みの美しさ、純白の腹を見せて寝転がる愛らしさ、ネズミに飛びかかる優雅な動きを賛美して、どれをとってもそれは「自然の創った傑作」であり、「自分にとっていかに大切だったか、それを言い表す言葉を私は知らない」と語る。「毛糸だまを追いかけて　走って跳んでの大騒ぎ」をした後、解けた毛糸の輪の中に澄ました顔で座っている様子を「丸々としたその腹は　毛糸だまがまだそこにあるよう」だったと懐かしく思い出している。ミシェル・ド・モンテーニュ［一五三三〜九二年、フランスの思想家］は動物好きで、人間を動物より上位に置く見方に疑問を呈していた。彼は、動物は人間の都合のためだけに存在しているのではないという根拠に、猫を例として用いている。「私が猫と遊んでいる時だって、私が猫の相手をしているというよりも、猫が私の相手をしてくれているのかもしれない。お互いに猿真似のように楽しいふりをしているだけということもあり得る」[*1]

しかし、一六世紀にはこのような人物は奇特な存在だった。猫を趣味の良いペットとして血統の良い犬と同じように扱う考え方が現われたのは、一七世紀末、貴族の間で猫が広く飼われるようになった頃だった。この頃まとめられた二つのおとぎ話が、猫に対する見方の変化を表している。ペローの『長靴をはいた猫』（一六九七年）の猫は、まだ低い身分ながら、素晴らしい能力を与えられている。女流作家オーノワ夫人［本名マリー・カトリーヌ。一六五一〜一七〇五年、フランス］の『白猫』（一六九八年）は、不思議な能力を持つだけではなく、その洗練された美しさから、王子を虜にしてしまう雌猫の話である。白猫は貴族であり、主催したパーティーでは、機知に富んだ社交術で王子を魅了する。王子のほうも身につけた最高の作法で彼女に応ずる。一年をその猫と共に過ごした王子は、猫になってずっとここで暮らしたいとまで思うようになる。そこで彼女に「女性になってください、さもなくば私を猫にしてください」と頼むのである。[*2] そのとき、白猫は人間の女性へ姿を変える。彼女は、呪いによって猫に変えられていた王女だった。お姫様が猫の姿になっても変わらない品位を保っていたのが、この話の特徴だ。ちなみに、オーノワ夫人がまとめる前の民間伝承では、猫は上品な女性として振舞うのではなく、単なる動物に過ぎない。また、相手の男性も、三兄弟の中で最も美しく勇敢な王子として描かれているが、元は二

G・P・ジェイコブ・フッド［1857 〜 1929年、イギリスの画家］による『白猫』の挿絵（1889年）。

人の兄に馬鹿にされる出来の悪い弟だった。

この頃、猫を大事に飼うことが一種の流行となった。デュピュイという高名なハープ奏者は、猫のおかげで音楽家としてのレベルが保てると言った。練習するのを猫が聴いていて、小さな間違いでも必ず気づいてくれるという。彼女の遺言書には、財産は二匹の猫に与えることとともに、食事の与え方についても細かい指示が書かれていたのだった。

ルイ一四世の宮廷で称賛を浴びていた詩人アントワネット・デズリエ［一六三八〜九四年］は、飼い猫グリセットの名を借りて、友人とその猫に宛てた手紙を書いている。一八世紀イギリスの著述家で美術愛好家でもあったホレス・ウォルポール［一七一七〜九七年］は、フランス人の友人を通じて猫の魅力を知ることになった。あるフランス人女性宅の夕食に呼ばれたときの様子を「私たちの中

リシュリュー枢機卿［1585～1642年、フランスの政治家］。近代ヨーロッパで最初の愛猫家の1人。ロバート・ヘンリー画。

に、四本脚の者が一人いた。姿こそアンゴラ猫であったが、気立てのよさ、上品さは飼い主と同じだった……それはニヴェルネー公の友人だった」と綴った。ウォルポールは知人の猫を借りて飼っていたことがあり、そのときにはこう書き綴っている。「猫との生活は穏やかそのものです。ときどき引っ掻いたり、噛んだりといったいさかいはありますが、夫婦喧嘩と同じで、手紙に書いて面白いようなものではありません」[*3]

一八世紀は、貴族だけでなく、中産階級の人々の間でも猫がペットとして広まっていった時期だった。リチャード・スティール［一六七二〜一七二九年、イギリスの文人、政治家］が一七〇九年に創刊した雑誌『タトラー』に掲載された話の語り手は、家に帰ると犬や猫が出迎えてくれると言っている。それぞれの言葉で「お帰り」と言ってくれるのだという。フランスの詩人ジャック・ドリル［一七三八〜一八一三年］は、飼っている猫のレイトンが食事を分けてくれとせがんだり、尻尾を振り、背を丸めて、撫でて欲しいと要求したり、レイトンを賛美する詩を書いているというのに、その本人が手やペンを払いのけようとしたりする様子を描写し、猫の心の中には、愛情が存在しているにちがいないと考えた。イギリスの古代研究家ウィリアム・ステュークリー［一六八七〜一七六五年］は、一七四五年に飼い猫を偲んで、家族に愛情を示そうとする姿がいかに可愛らしかったか、猫を側においてパイプをふかして物思いにふける時間がいかに楽しかったかを述べている。与えてくれたのは喜びばかりで、困ったことは一度もなく、猫を埋葬した庭の一角は辛くて見る気になれなかったのだという。クリストファー・スマート［一七二二〜七一年、イギリスの詩人］の場合、猫への感謝の念は特別なものがあったようだ。精神を病み、施設に監禁されていた間も、ジェフリーという猫を側に置いていたのである。「子羊への賛歌」（一七六〇年頃）と題した詩で彼は、ジェフリーを悪魔などではなく神の創ったものであったとし、その手先の器用さを「四足動物の中でこんなに上手に前脚を使うものはいない」と称賛し、見せてくれた可愛い仕草の数々を挙げている。[＊4]

サミュエル・ジョンソン［一七〇九〜八四年、イギリスの文人、辞書編集家］も愛猫家で、絶えることなく次々と猫を飼っていた。友人の作家ジェームズ・ボズウェルによると彼はホッジという名の猫のために、自ら餌を買いに出かけていたが、それは召使いが仕事を押し付けられたと感じて、ホッジを嫌うようになるのを恐れたからだという。

　可愛い猫ですねと私が言うと彼は「そりゃそうだ、君、しかし僕がもっと可愛がった猫もいた」と答えた後で、まるでホッジが機嫌を損じたのに感づいたように付け加えた、「いや、こいつも実に可愛い猫だ、全く可愛いい猫だ」[＊5]

ホッジの心情を思いやる様子は、ジョンソンの人柄を表していると同時に、猫には人間と同じような感受性があり、相応に扱わねばならないと彼が思っていたことがよく分かる。

実は友人のボズウェルは猫嫌いで、猫と同じ部屋にいたくなかったので、ジョンソンとホッジの親密さには辟易していたことを告白している。それ以前に、哲学者のルソー［一七一二～七八年、フランス］は、ボズウェルとのやり取りの中で、彼の猫嫌いは「猫を下に見て、支配しようとする本能」によるものだと断言している。「人を支配しようとする人間は、猫が嫌いなものだ。猫は自由で、決して奴隷になろうとはしない。ほかの動物はともかく、猫は命令しても何もしないからね」と言ったのだった。[＊6]

猫がペットとして認知されたのは良いが、それによって犬と比較されるようになったのは、猫にとっては不幸なことだった。犬愛好家にとって、猫は我慢ならないものだったのだ。フランスの博物学者ビュフォン［一七〇七～八八年］は、猫を飼って楽しむなど愚かなことだとし、『博物誌』の犬と猫の項目は、片や手放しの賛辞、片や誹謗中傷となっている。犬はあらゆる点で優秀であり、人間の尊敬を集めるものだとした。犬は主人を喜ばせることを第一に考えており、常に指示を待ち、悪い扱いを受けてもじっと耐え、すぐに忘れる。さらには、主人の好みや習慣にも順応しようと努力をすることが書かれている。これらのことが、あらゆる動物の優秀さを測る基準ならば、明らかに猫には分が悪い。猫については「不誠実な家畜」として、ネズミのほうがより不快な存在であるため、仕方なく飼うものだという。「子猫も、表面的には可愛く見えるが、性悪はやはり隠せず、成長とともにさらに悪化する。しつけも効果はない。そのひねくれた根性を隠すようになるだけで、改善されることはなく、せいぜい強盗がこそ泥になって、人目につかないよう事を運ぶようになる程度である」「飼い主に愛着や友好を示すようなことがあってもそれは表面的なことで、性格の悪さは、その行動の裏にあり、表へすぐ現われる。どんなに世話になっても、その人の顔をまっすぐ見ることはない。人を信用していないためか、心にやましいことがあるためか、愛撫を求めるときも斜めから近づいてくる」「自分のことにしか関心がなく、愛情も条件つきでしかない」「狩りの仕方は卑怯だ。寝そべって獲物が来るのを待ち、だまし討ちで捕らえる。その後は散々獲物をもてあそんで、必要もないのに殺してしまう。満腹であっても、血の欲望を満たすためだけに狩りをする」「どんなに飼いならしても、

博物学者ビュフォンの『博物史』(1749～67年)で描かれたイエネコ。

服従することはない。行動はすべて自分だけのためにある」と挙げ連ねた。要するにビュフォンの憎悪の矛先は猫の気ままな振舞いに向かっており、飼われる動物であれば従順な家畜として、自身の欲望は抑えるべきであり、娯楽のための狩りをする特権は人間のみにあると言いたいのだろう。しかし、その見方はあまりに偏向していると言うほかなく、高名な動物学者としての冷静な観察を忘れてしまっている。猫の視線について糾弾している部分など特にそうで、猫はむしろ、人の顔をじっと見つめるのが大きな特徴のはずだ。[*7]

猫を愛する一九世紀の文豪たち

ビュフォンの見方は、一昔前の一六世紀なら多数派、一九世紀なら逆に特異であっただろう。三世紀にわたるこの間、猫は魅力的な愛すべき動物として認知されていき、人間に最も身近な動物として犬と同枠で考えられるようになっていた。マシュー・アーノルド［一八二二〜八八年、イギリスの詩人］は、娘が飼っていたカナリアを偲んで「可哀想なマサイアス」という詩を詠んだ。これは人間と関わるあらゆる動物に愛情が注がれるようになったことが分かる一つの例ではあるが、同時に、鳥を犬や猫とは区別し、後者を「人間に近い能力を持ち、その生活は私たちの生活と不可分に結びついている」としている。アーノルドは、母親に宛てた手紙の中で、飼い猫アトッサのことを、「私の側で目いっぱい体を伸ばして、褐色のお腹に太陽をいっぱい浴びています。なんてかわいいのでしょう」と書いている。

チャールズ・ダッドリー・ウォーナー［一八二九〜一九〇〇年、アメリカの作家］は、飼い猫カルヴィンとの静かな友情を、その死後に綴っている。『カルヴィン、その品性について』（一八八〇年）で、「私たちが二年ぶりに帰って来たとき、明らかにカルヴィンは喜んで迎えてくれていた。だが、それは犬のように猛烈なやり方ではなく、心の穏やかさでもって満足を表したのである。帰ってきてよかった、そう思わせる力を持っている」と書いている。カルヴィンは飼い主との交わりを楽しんだが、決して押しつけがましくはならなかった。「撫でて欲しいと思ったら寄っては来るのだが、そのやり方は実に繊細なもので、私の服や袖を引っぱってから私の顔に鼻を近づける。満足したらまた去っていくのだった」という。カルヴィンは、ハリエット・ビーチャー・ストウ［一八一一〜九六年、アメリカの女流作家］の猫ジュノーや、マーク・トウェイン［一八三五〜一九一〇年、アメリカの作家］の飼っていたたくさんの猫とも仲良しだったという。また、トマス・ハーディ［一八四〇〜一九二八年、イギリスの作家］は、詩「物言わぬ友への告別の言葉」で子猫の死を悼み、一家にとっていかに猫が大切な存在だったかを述べている。「彼の小さなまなざしの　刻印を　ほとんど彫り込まれなかった　この家は　彼が〈薄明かりの国〉に旅立ったことで　かえって彼のことを語り始めている」と綴った。[*8] 抑制された表現の中から、ハーディがいかに猫を大切

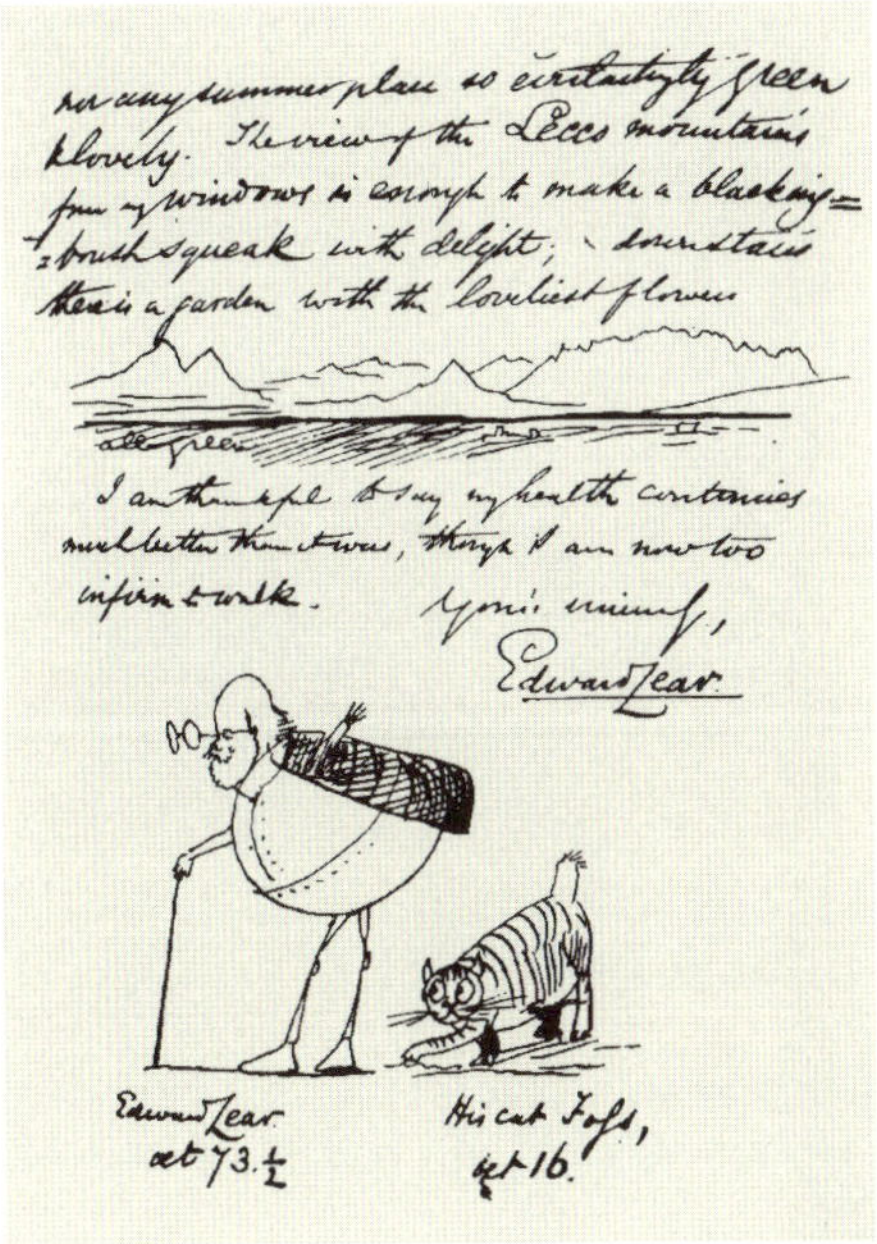
nor any summer place so everlastingly green
& lovely. The view of the Lecco mountains
from my windows is enough to make a blacking=
=brush squeak with delight; & downstairs
there is a garden with the loveliest flowers

all green

I am thankful to say my health continues
much better than it was, though I am now too
infirm to walk.

Yours ever,
Edward Lear.

エドワード・リア［1812～88年、イギリスの風景画家、ナンセンス詩人］による手紙（1876年）。猫と過ごす休暇の様子を愛らしいイラストとともに綴っている。

マーク・トウェインと子猫。トウェインは愛猫家で、人間よりも内面的な魅力があると感じていた。

テオフィル・ゴーチエを描いたナダール［1820 ～ 1910年、フランスの写真家、カリカチュア画家］の画。ゴーチエは猫好きの多かった当時のフランスの作家たちの中でも、特に愛猫家だった。

に思っていたか、余すところなく伝わってくる。静かで控えめながらも、猫は一家に潤いを与えていたのだろう。

一九世紀フランスの主要な文学者で、猫を愛好しなかったものは、ほぼいないと言ってよいくらいである。文学史家イポリット・テーヌ［一八二八～九三年］は、三匹の猫の友人であり主人であり、また召使いでもあると自称し、一八八三年にソネット［一四行からなる定型詩］を捧げている。詩人ステファヌ・マラルメ［一八四二～九八年］は、ネージュ［フランス語で雪を意味する］という猫を溺愛していた。ネージュは「テーブルの上に乗ってきて、私の書いている詩を尻尾でこすり消してしまった」らしい。作家のテオフィル・ゴーチエの猫好きは、猫を愛する当時のフランスの風潮にあっても、突出したものだった。お気に入りの猫のうち一匹は「マダム・テオフィル」という名前で、これはゴーチエと「夫婦同然の親密さで暮らしていた」からだそうだ。どこでも彼についていき、食事の際には、ゴーチエが口に運ぼうとしているものをさらっていくこともしばしばだったという。また、マダム・テオフィルがはじめてオウムを目にしたときのことも面白く回想している。「はじめ彼女はそれを緑色のニワトリと思ったらしく、そろそろとにじり寄っていった。しかしオウムが言葉をしゃべると彼女は混乱し、恐れをなしてベッドの下に隠れてしまった」。ゴーチエは、「信頼関係を結べば、猫は人々がこれまで犬に期待してきたのと同じような忠義と知的さで、愛情を持って接してくれる」と言っている[*9]。

猫を愛するあまり、感情移入しながら観察し、その心の中までを詳細に記述したものもいる。ピエール・ロティ［一八五〇〜一九二三年、フランスの作家］は、屋根の上で二匹の雄猫が顔を合わせるさまを詳しく記している。

白と茶のぶち猫が屋根の端に寝そべっているが、目は開いており、物想いにふけっているようだ。突然、隣の屋根の煙突の後ろに、ぴんと立った二つの耳が現われた。続いて警戒したような二つの目が見えてから、そいつはついに顔を現した。それは猫だった。

現われた黒猫は先客に気づくとその足を止め、少し考えた。数歩後ずさりをしてから、慎重に、相手の背後から近づいていった。柔らかな足で音を立てず、一歩一歩、慎重に。と同時に、物思いにふけっていたぶち猫が、はっと気がついて振り返った。耳をたたみ、口元をやや強ばらせ、いつでも爪が出せる準備をした。

しかし、「二匹は顔見知りで、互いに認め合う間柄だった」らしく、ケンカが起こることはなかった。

黒猫は慎重な足取りを変えず、すぐに近寄ることはなく、進んでは止まり、進んでは止まりを繰り返した。あと二、三歩というところで座り込み、相手の顔を見上げた。その目はこう言っているようだった。「いや、別に悪いことを企んでるんじゃないよ。俺もここからの景色を見たいと思ってね」

ぶち猫はその目を、黒猫のほうから再び遠くの景色へと移した。相手の意図を理解し、警戒を解いた印だった。それを見た黒猫も大きく伸びをした。

二匹はそれからも二、三度視線を交わしたが、その目は半分閉じており、口元は微笑んでいるかのようだった。そして、ついには完全な信頼関係を結んだらしい。あとは互いをまったく気にすることはなく、すぐに夢想に入っていったのだった。[＊10]

このように猫同士が意志の疎通をしたり協定を結んだりするのは、ロティにとっては当

E・T・A・ホフマン［1776～1822年、ドイツの作家、作曲家、挿絵画家］の『牡猫ムルの人生観』（1819～21年）の挿絵。ホフマンはこの自伝的作品を、自らの飼い猫が語る形式で書いた。

たり前のことだった。しかし、数世紀前の教養ある人たちがそのような考えを聞いたら、何を馬鹿なことをと思ったことだろう。創造主に対して不敬だとまでは言わずとも、猫にそんなことができるはずはないのだから、人間が猫の心情を思いやる必要などないと言っただろう。

ヴィクトリア朝時代［一八三七～一九〇一年］のイギリス小説にも、猫がペットとして大切に扱われるようになったことが反映されている。それ以前では、猫に限らず、小説中にペットが登場することは稀で、まして一人の個として描かれることはなかった。それが一九世紀、写実主義の時代になると、家庭を描く際、そこに当たり前のようにいるものとして、犬や猫が登場するようになる。それでも、小説中に登場する猫は、文学者たちが現実にいた猫を回想して、豊かな描写を与えたものではなかった。猫を通して人物の性格を強調したり、また、猫に人物から反応を引き出させてその性格が現われるようにしたりと、いわば物語の補助的な役割を与えられていたに過ぎない。

エドワード・ブルワー＝リットン［一八〇三～七三年、イギリスの小説家］の『聖人か盗賊か』（一八三二年）では、猫が人物の性格をコミカルに強調する役目をしている。元下士官のジェーコブ・バンティングは、自己中心的で、節操がなく、ぐうたらな人でなしだが、彼の飼い猫ジェーコビーナもそっくりな性格をしているのだ。人間に可愛がられる猫というのは現実的な存在ではあるが、ここでは、飼い主の社会的、道徳的な程度の低さを象徴する道具として使われている。

メアリー・オーガスタ・ウォード［一八五一～一九二〇年、オーストラリアの小説家］の『ロバート・エルスメア』（一八八八年）では、チャティという見事なペルシャ猫が、上流階級のレイバーン姉妹に飼われている。激しく道徳を追求する小説にあって、この猫は感覚の鈍さを表している。愛想が良いだけで何もしようとしない猫が、飼い主の特徴を引き立て、また、向上心のない人間の限界というものを象徴している。チャティは家族の中でも常に取るに足らない存在として扱われるのだった。

アン・ブロンテ［一八二〇～四九年］とシャーロット・ブロンテ［一八一六～五五年、ともにイギリスの小説家］の姉妹は、二人とも、あらゆる動物を愛した。特に、虐げられている動物に同情の目を向けた彼女らは、小説中に猫を登場させ、先入観なくそれらを大切にする良識ある人間と、猫を女性や農民と結びつけて蔑む、愚かな人間とを書き分けた。アンが書いた『アグネス・グレイ』（一八四七年）の主人公の女性は、村の猫たちの窮状に胸を痛めていた。そんな矢先、地主の雇った狩猟地管理人が、獲物をさらうとして猫を駆除しようとしていた。さらに、その地主の息子たちは、貧しい人々の飼う猫に犬をけしかけて楽しんでいた。そんな折、善良な副牧師は、ナンシー・ブラウンという老女の猫が、狩猟地

ヴィクトリア朝時代に描かれたルイス・キャロル『不思議の国のアリス』(1865年）の挿絵。情報を求めてきたアリスに、チェシャ猫がいかにも猫らしく淡々と応じる。ジョン・テニエル［1820〜1914年、イギリスの風刺漫画家、挿絵画家］による。

管理人に狙われているところを救ってやる。彼は管理人に、ナンシーにとってこの猫は、管理人にとっての狩猟地よりも、ずっと大切なものなのだと伝えた。

シャーロットの書いた『シャーリー』（一八四九年）の主人公ムーアは、犬も猫も大切にする優しい男性だ。小説中には、年老いた黒猫が出てくるが、愚かな副牧師マローンは、それが男らしさであるとでも言わんばかりに、その耳をつねって遊ぶ。一方のムーアは、黒猫がよろよろと歩こうとするのを静かに励ましてやる以外、そっとしておいてやるのである。

前章で紹介したディケンズの『荒涼館』に出てくる不気味な猫レディー・ジェーンにしても、ペットとして大切にされている。小道具屋のクルックが話しかけたり、肩に乗せたりするのは、唯一の友人として、ごく普通のことであり、クルックにも人間性があることを示している。また、一八世紀までは、猫が虐待されても、人々は何も感じないか、娯楽としたかだったが、一九世紀にはそれが深刻に捉えられるようになった。ポーの『黒猫』で主人公が犯す猫殺しは、妻を殺すのと同等の犯罪として描かれている。ゾラの『テレーズ・ラカン』についても同様で、猫のフランソワに罪を責められているように思って、恐怖を感じていたロランが、ついには意を決して、フランソワを窓から放り落とす。その場にいた飼い主のラカン夫人は体が麻痺して、止めることもできなかった。背骨が折れたフランソワは、一晩中うめき続けるのだった。この猫殺しの場面は、テレーズの夫カミーユが殺された場面よりはるかに痛切だ。ここで私たちが抱くのは、人間への犯罪に対する感情と変わらないものである。

猫可愛がりされる猫

猫がペットになってしまうと、肉食動物としての本能よりも、柔和な面ばかりが愛好家たちによって強調されるようになっていった。過去の不遇から救い出そうと躍起になるあまりのことではあるが、事実をありのままに見ないという点では過去の見方と変わらない。

童謡『マザー・グース』の「暖炉のそばに座る子猫」の挿絵(1915年)。フレデリック・リチャードソン[1862〜1937年、アメリカの挿絵画家]による。

一八三〇年頃に歌われるようになった童謡『可愛い猫ちゃん大好き』は、猫を美化しすぎているきらいがある。「猫ちゃんは　なでなでするとゴロゴロ言う　やさしくしてくれてありがとうって　言ってるの」

一九世紀末には、新約聖書に登場しない動物も大切にするように啓発するため、聖書を補って新たな教訓をつくり出さねばと感じた人がいたらしく、『聖なる一二の動物のための福音』というものが登場している。たびたび虐待の対象となり、しかも聖書にはまったく登場しない猫には、特に配慮してある。イエスは、猫がちんぴらに襲われているのを助けてあげたとか、腹をすかせた野良猫に家を見つけてあげたという具合だ。解説の中で作者は、「イエスが犬より猫を好んでいたのは明らかである」とまで言い切っている。犬は人間によって狩りの手伝いをするよう教えられているのに対し、猫は最も愛らしく、穏やかで優雅な動物なのにけなされ、結果として何の義務も与えられることはなかったからというのがその理由だった。[*11]

猫好きが増え、その冷淡さや秘めた野生の本能が美化される風潮の中、猫はヴィクトリア朝時代の理想の家庭像を体現する存在として、祭り上げられるようになった。この頃はまだ殺鼠剤や建築技術が十分に近代化されておらず、猫を飼うのはネズミ対策という現実的な目的があった。それでも文学者たちは、猫をそのような殺し屋としてではなく、一家団欒の象徴として用いた。それは、家庭内の調和がかつてないほど重視されたこの時代の

19世紀アメリカの典型的なイメージの猫が、人里と森の境界にいる。R·P·スロール作『村外れの猫』。

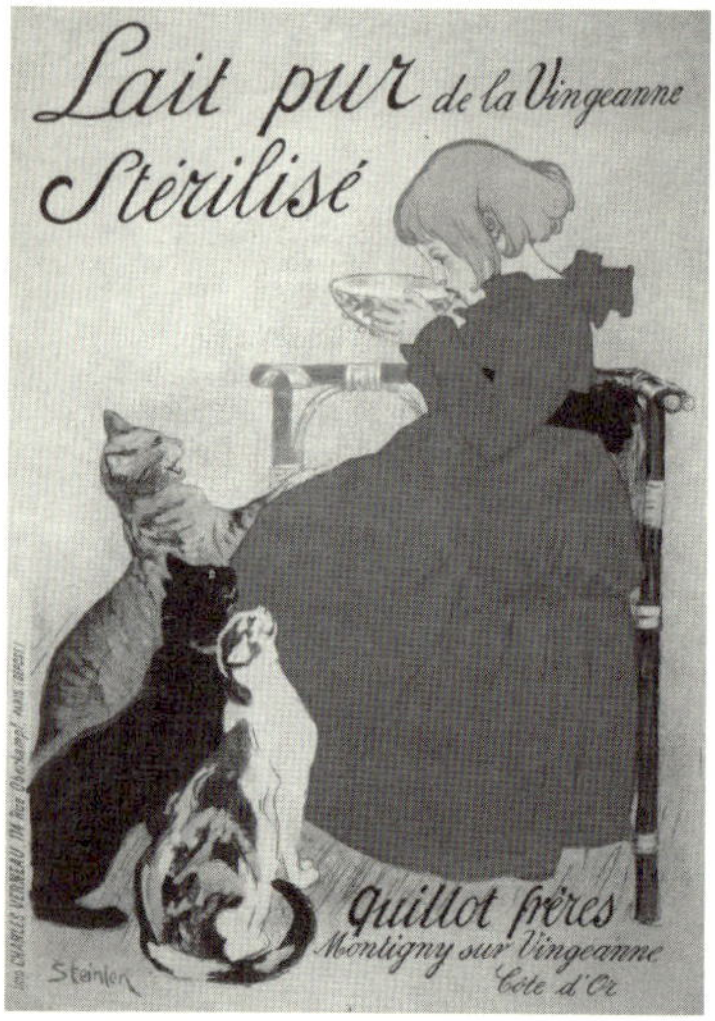

1895年の牛乳の広告。テオフィル・アレクサンドル・スタンラン[1859～1923年、フランスの画家]による。

アメリカの子役ジェニー・イーマン[1862～1906年]を描いたリトグラフのポスター『われらがジェニー』(1887年)。

求めた理想像であった。

広告や挿絵など人目に多く触れる絵にも、健全な家族像を強調するために、猫がしばしば描き込まれた。『よき家庭』というキリスト教の小冊子の挿絵には、中流の家庭で父親が妻と四人の子供たちに、祈りの書を読み聞かせている様子が描かれている。その前景では、猫も熱心に耳を傾けているのである。絵の中で占めている位置は、ルネサンス絵画に登場する猫と同じだが、家族とともに祈りを捧げる敬虔な姿で描かれているのが異なるところだ。同じ時代に中国で描かれた『団欒の喜び』という絵でも、猫が同じように扱われている。長いすに横たわる母親を五人の子供たちが囲み、その前景では、椅子に座った三毛猫が家族を楽しそうに見つめているのである。

古代エジプトの彫刻、中世の石像、一七世紀絵画のどれも、母猫の子猫に対する献身としつけを称賛していた。いわばそれは勇敢に子を守ると同時に、生きる術を教え込む「肝っ玉母さん」という存在だったが、それが、いかにも「上品な母親」像に成り代わったのだった。『三匹の子猫：はじめてのネズミ』という版画は、母猫が子供にネズミの捕り方を教えるという、猫にとって本来は生存を左右する重大事であるはずだが、それを単に可愛いだけの図にまとめ上げてしまっている。目ばかりが大きくて口や牙は矮小化され、母猫も子猫も、捕食動物にはとても見えない。このような楽しそうに遊ぶ子猫たちを優しく見つめる母猫というモチーフは、当時の画家たちがこぞって描いたものだ。子猫がいたずらを

『糸で遊ぶ子猫』(1898年頃)。美化された猫の姿がいかにも19世紀的。多色石版刷り。

していても、それはまったく罪のない範囲内で、一七世紀絵画の猫のように、物を壊したり盗んだりすることも決してない。きれいに整ったテーブルの上をうろつき、置いてあるものに興味を示しつつも、それらを乱すことはない。猫の無駄なく静かな動きは、犬の荒々しさと対照をなすもので、物を行儀よく大切に扱うお手本として使われるようになった。猫の母親は、賢母の象徴であり、子供たちに、体をきれいにすること、家の中でお行儀よくすること、衣服を大切に扱うことなどを教えた。女流作家エリザ・リー・フォレン〔一七八七〜一八六〇年、アメリカ〕が作ったとされる童謡『3匹の子猫たち』(一八四三年)の母猫は、手袋をなくした罰として、子供のパイを取り上げるが、子供が手袋を見つけ、洗濯すると褒めてやるのだった。

上品な家庭と猫との組み合わせがすっかり定着

ジョージ・クルックシャンク［1792～1878年、イギリスの風刺画家、挿絵画家］が描いた、台所を荒らす猫たち。猫がよき家庭を象徴した19世紀イギリスにも、お行儀の悪い猫のイメージはまだ存在していた。

した頃、それを逆に利用して、権力を握るブルジョワ層を攻撃しようとする画家たちも現われた。ロシアの画家クストディエフ［一八七八～一九二七年］の『商人の妻』（一九一八年）は、傲慢そうな顔をした太った女性を、同じく傲慢そうな顔をした、太り過ぎた猫とともに描いた。トニ・モリスン［一九三一年～、アメリカの作家］が、『青い眼がほしい』の中で猫を糾弾したのも、同じような理由からだった。猫は、白人富裕層の価値観を自分も持っているると思う欺瞞的な黒人女性の好む動物だという。つまり、酒も飲まず、人を罵ることもなく、セックスを楽しむこともなく、感情を抑制してひたすら倹約に励み、上品に振舞い、非の打ち所のない家庭を築くためだけに生きているような女性が、何かに愛情を抱くことがあるとすれば、それは猫だというのだ。ここに登場する女性は、猫が擦り寄ってくると、ほのかな官能を覚える。それは夫では得られない感覚なのだった。[*12]

「良い子」になった猫

一九世紀半ばには、猫を専門的に描く画家も出てきた（数十年前にはそれが犬や馬だった）。そこでの猫は、無邪気な可愛らしさばかりが強調され、擬人化されることでさらにその度合いを増している。その代表的画家が、世紀末に圧倒的人気を博したルイス・ウェイン［一八六〇～一九三九年、イギリス］だ。彼の描く猫は、猫でありながら、可愛らしく描か

ルイス・ウェイン『わんぱく猫』。ウェインが
擬人化して描いた可愛いらしい猫の絵は、
大変な人気を博した。

ウェインの『いたずらっ子のアトリエ』(1898年頃)。ウェインは、猫の愛らしい擬人表現を写真作品でも残している。

れた人間そのもので、絵葉書や絵本に使われてイギリス中に広まった。それは猫を愛する時代の風潮に乗ったものでもあり、さらにそれを加速させたものでもあった。二五年にわたって描かれ続けた猫たちは、中流階級の人々がする、ありとあらゆる活動(もちろん上品とされるものに限っている)を絵の中で行っている。猫が本来持つ不穏な側面は、彼の絵には望むべくもない。どれもみな、丸い体に大きな目、おどけた表情の生き生きとした子猫ばかりで、爪や牙など、はじめからなかったかのようだ。夫婦喧嘩の様子を描いた一九〇八年頃の作品のような例もあるにはあるが、人間的な怒りの表情もなければ、猫らしい威嚇のポーズもない。ウェインの絵の中の猫が真剣な顔つきをしている場合、それは獲物をとるためではなく、ゲームに勝ってやろうと集中しているのである。人間の子供がするように、集団で遊びに興じる猫たちなのだった。

　偽りの姿を描いたとはいえ、ウェインが猫を愛していたのは事実だ。そして彼は、自分の絵が、猫の地位向上に貢献したとも考えていた。「我らがイギリスの猫たちは、屋根の上にいた、ひょろひょろした鼻の突き出た生き物とは別のものになった。今やそれはファンタジーの世界に住む丸顔の無邪気な動物たちなのだ[*13]」と彼は述べている。

　可愛らしい猫の絵は今日も人気があり、カレンダーからTシャツにいたるまで、あらゆるものに猫のイラストが載っている。一九八〇年代までは、アメリカの絵葉書の猫は、ほぼ例外なく愛らしい姿をしていた。ほとんどは子猫であり、実物よりさらにふわふわした体をして、目もはるかに大きく描かれている。その目はじっとこちらを見ているか、または飼い主の女性を見つめており、外の世界に関心を持っている様子はない。また、童話の中でも猫は気立ての良いものとして登場する。ジョージ・セルドン［一九二九〜八九年、アメリカの作家］の『タイムズ・スクエアのコオロギ』に出てくる猫のハリーは、心優しい男の子として登場する。コオロギのチェスター、ネズミのタッカーと一緒にピクニックに行くことになったハリーは、もちろん二人を食べることはなく、タッカーが集めてきたものを一緒に食べる。エスター・アベリル［一九〇二〜九二年］の『ねこネコねこの大パーティー』では、腹をすかせた猫がホテルに着くと、ボイラー技師のフレッドが食べ物をくれた。お返しに働こうと思った猫は、猫の客の世話係になる。そして、自分は上手く仕事ができているだろうかといつも心配するのだった。
　童話作家に限らず、猫に魅了された文学者は多い。彼らは猫の中に、本来猫らしからぬ優しさや感受性を見出していた。ポール・ギャリコ［一八九七〜一九七六年、アメリカの作家］は、慈善的な猫を何匹も知っていた。猫は裏通りで腹をすかせた見知らぬ人と喜んで食べ物を分け合っているのだと言った。シルヴィア・タウンゼント・ワーナー［一八九三〜一九七八年、イギリスの小説家、詩人］の『神の寝床』は、家のない猫が、教会にある馬小屋の模型の中で眠る話だ。藁の柔らかさもさることながら、そこに惹かれていった猫に、どこか敬虔な気持ちがあったようにも感じさせる描写がされている。一九八八年にスーザン・デヴォア・ウィリアムズが編集した物語集には、猫の存在により、人間がキリスト教信仰を強くする話が収められている。ポール・コーリー［一九〇三〜九二年、アメリカの作家］は、『猫はものを考えるか―猫観察の記録』の中で、猫は人間の会話を理解していると述べている。復活祭の前夜、彼が娘にイースターバニー［復活祭の日に子供に贈り物を持ってきてくれるとされるウサギ］の話をしたところ、翌朝、飼い猫が生きたウサギを持ってきたという。前夜の会話をちゃんと聞いていたというのが彼の主張だ。[*14]
　猫の野生の本能を無害化しようとするヴィクトリア朝時代のアメリカの風潮は、フランスではさほど広がることはなかった。ゴーチエやボードレールといったフランスの主要な作家たちが愛好したのは、屋根の上で鳴き、決まりごととは無関係に生きる「夜の動物」

グランヴィルによる、バルザック『イギリス牝猫の恋の苦しみ』の挿絵から、言い寄ってくる男性（1842年）。

同じくグランヴィルによる『イギリス牝猫の恋の苦しみ』の挿絵。1匹の女性の気を引こうと張り合う男性たち。

としての猫だった。同じくフランスの画家グランヴィル［一八〇三～一八四三年］は、一八四〇年代に動物を擬人化して描いたが、そこに登場する猫は、愛国心や因習をあざ笑う知識人の姿をしている。グランヴィルは猫の体を写実的に描くが、その服装とポーズは人間のものとした。顔ももちろん猫だが、浮かべている表情は、無垢なもの、敬虔さを装ったもの、あるいは尊大であったり、色欲を露わにしていたりと、明らかに人間だ。オノレ・ド・バルザック［一七九九～一八五〇年、フランスの作家］の『イギリス牝猫の恋の苦しみ』に寄せた挿絵では、若い乙女としての猫が、イギリス的な上品ぶった偽善者を風刺するために使われている。彼女の両側には、猫らしい微笑をまとった天使としての猫と、目を剥いて不敵な笑みをこぼす悪魔としての猫がいる。ほかの場面では、いかにも悪そうな顔の雄猫が、屋根の上で彼女に言い寄っている。それでもイギリスと同様、フランスでも猫はペットとして大事にされていたことは確かである。『テレーズ・ラカン』のラカン夫人も、典型的なブルジョワながら、猫のフランソワをちゃんと可愛がっていた。ただ、イギリスと異なっていたのは、猫の価値を立証するために犬に用いる基準を引用しようとする愛猫家が現われたことだ。一八六〇年代半ばの動物保護団体の会報では、忠犬ならぬ忠猫の逸話が特集された。飼い主が自殺した際、自分も死のうとした猫がいたという話まで載っている。

西洋と比べると、日本では、ペットとしての猫に対する見方は、ほぼ一貫して肯定的なものと言えそうだ。悪魔的に捉えられることも、逆に過度に無害化されることもあまりなかった。歌川国芳の浮世絵には、人間を猫に置き換えて描いたものが多くある。一八四〇年頃に刷られた浮世絵［口絵9頁］では、商人の格好をした雄猫を、着物を着た三匹の猫が、かいがいしくもてなしている。一匹はご飯をよそい、一匹は艶っぽく踊り、もう一匹は偉そうな顔で見習いの子猫に指示を与えている。皆で男性客が気に入るようにと熱心に仕事をしているように見せてはいるが、耳をたたみ、不敵な笑みを浮かべていることから、本心では自分のことしか考えていないようである。国芳とその一門は、穏健な反体制画家といった面もあり、上流社会の生活や古典的な題材を戯画化したり、芸者や歌舞伎役者といった、社会的秩序の外に住む人たちを描いたりしている。猫は人間の作り上げた決まりごとに無関心に行動するものとして認知されているため、しきたりどおり上品に振舞おうとする者を茶化すには格好の材料だったのだろう。

血統書付き猫の登場

一九世紀には、犬の価値を血統で判断する考え方が広まっていったが、猫についても、その地位の向上にしたがって、同じような考え方が受け入れられるようになったのは自然な流れだろう。犬にケネルクラブ［血統の証明や登録などをする非営利組織］やドッグショーがあるように、猫もキャットショーを通じ、組織的に血統を管理するのだ。欧米では特定の模様の猫が忌み嫌われることはなく、色や形に一定のバリエーションが保たれるよう、また、いろいろな柄の猫が生まれるように掛け合わせていった。血統のはっきりしたものを欲しがる人が増え、由緒が古いほどそれを誇りとした。

はじめてキャットショーが行われたのは一八七一年、場所はロンドンの水晶宮［一八五一年に第一回万国博覧会会場としてつくられた建物］、主催したのは芸術家のハリソン・ウィア［一八二四〜一九〇六年］だった。アメリカで公式に行われたのは一八九五年だ。組織的にキャットショーが開催されるようになったことで、血統書つきの猫の需要が生まれた。さらにそのような猫は、そっくりな子供を産むことを期待された。すると今度は、猫を登録する制度が必要となった。イギリスではキャットクラブが多数でき、それぞれ独自に登録制度を持っていたが、一九一〇年に、それらは「GCCF（the Governing Council of the Cat Fancy）」という登録団体のもとに統一された。以降GCCFは、登録を継続し、キャットショーを認可し、猫が適切に飼われているか、規則が遵守されているか監視を行っている。アメリカで同様の団体が成立したのは一九〇六年である。「ACFA（the American Cat Fancier's Association）」というこの組織の認可のもと、同年に二つのキャットショーが行われ、一九〇九年には最初の血統登録簿が出版された。現在、同様の猫愛好家団体が世界各地にあり、約四〇〇ものショーが毎年開かれ、厳しい研修を受けた審査員が出席している。

愛猫家団体を組織するなんて、所詮は上流階級の趣味だからだと思われるかもしれない。確かに、その側面もあるだろうが、その目的は、猫の地位向上とその結果としての待遇の改善にもある。ハリソン・ウィアは、「私たちの猫、そのすべて」と題した記事の中で、キャットショーが普及することで、これまで頻繁に蔑まれてきた猫に対して、「注目と本来受けてしかるべき扱いをもたらすだろう」と述べている。同じく愛好家運動の先駆けの医師ゴードン・ステーブルズ［一八四〇〜一九一九年、イギリス］という人物も、待遇の改善により「こそこそ動くやせっぽちの獣だったものが、誠実で丸々とした猫に変わるだろう。艶やかな毛並みと愛らしい瞳で、こちらの顔を見るや大喜びで駆け寄り、肩に上り、撫でさせてくれるだろう」と述べ、さらに、そういった猫がイギリス中に広まる日も近いとしている。

しかし、猫の色や形を取り決めることには、常に疑問がつきまとうものだ。特徴を公式化して血統別に分類すると、専門知識を持った審査員によって個別に査定されるが、その基準は「美」である。さらに、血統の定義が詳細になればなるほど、その相違が過度に強調されるようになる。GCCFによると、一〇〇年前、ペルシャとシャムは、頭の形も体の形もそっくりだったのが、現在ではまったく対照的だと言う。だが、そのようになったのは、彼らにも原因がある。

ハリソン・ウィアがキャットショーを開催するにあたっては、血統を区別するシステムが必要だったが、その基準は恣意的にならざるを得なかった。外国産のものは例外で、一六世紀には、アンゴラがトルコからヨーロッパにもたらされていた。一九世紀にはペルシャとシャムが、それに続いてロシアン・ブルーとアビシニアンがヨーロッパにやってきた。対して、イギリス原産の猫は、それまで犬がされたように、人間の管理のもとで交配されたことがなかった。ネズミ捕りに従事するうち、彼らは勝手にその数を増やしていったのだ。その血統を判断するには、毛の色以外に材料はなかった。

ゴードン・ステーブルズは、分類をさらに深めようと、自らの作成したガイドブックの中で、猫の毛の色と性格とを関連づけている。確かに両者には、遺伝的にある程度のつながりはあるが、ステーブルズは、すべて事実であるかのような口調で細かな分類を繰り広げている。そこにはさらに、ヴィクトリア朝時代の道徳的価値観や階級意識までが反映されている。例えば、「白黒の雄猫はハンサムで体が大きく、紳士的です。悪いことをすることはまずないでしょう。弱ったネズミを捕るような卑怯な真似もしません。もちろん、妻にするのは完璧な淑女です」。それに対して茶トラは気のいい労働者階級にたとえ、「イギリスにいる猫の代表的存在です。きちんとしつければ、猫としての美徳を完璧に身につけるでしょう。従順で誠実、忠義に厚く、子供の世話もよくするので、良い親になります。ただ、稀にですが、物事を力ずくで解決しようとすることがあります」と言った。これが犬だと、もっと事細かに外見と性格との関連が規定されるので、この程度で済んだ猫は幸運だったかもしれない。それでもステーブルズは、ショーを成功に導くために、せっせとこのステレオタイプ作りに勤しんだ。ちなみにトラ猫はすべて、アメリカでは「ドメスティック・ショートヘア」という名で分類された。

その後、アメリカには外国産の猫が流入し、国産との交配が進んでいった。上流階級の猫愛好家の間でこれが問題視され、各種本来の体型や模様を保全しようと、制度の下で繁殖を進める動きが始まった。イギリスの場合と同じように、恣意的な基準によって、猫の体型や模様の美しさが点数化されるようになったのである。それでも、猫の形態を大きく変えてしまうようなことに至らなかったのは幸いだったと言えるだろう。ACFAにしても、純粋なドメスティック・ショートヘアと、きれいな柄の雑種とのちがいは、親に似た子が生まれる確率が前者のほうが高いことだけだとしていた。ドメスティック・ショートヘアは、アメリカ産の特徴を強調するために、後に「アメリカン・ショートヘア」と名称が変更された。

しかし、多くの犬のように、愚かな交配の犠牲になった猫も、いたのである。装飾品やステータスシンボルとしての価値を高めようと、毛並みや体型が変えられ、本来持っていた体の機能や健康が損なわれてしまったのだ。交配は猫を過度に細長い体（シャム）にしたり、過度に丸っこく、平たい顔（ペルシャ）にしたりした。シャムが西洋にやってきたばかりの頃は、特徴といえば白っぽい体に影のような模様で、あとは普通に猫らしい形の頭と、たくましい体という出で立ちだった。西洋人はそれを細く優美な体にしようと交配を重ね、鼻を長くし、体は今にも折れそうなほど細くした。アメリカで少し前に、最高賞に選ばれたシャムは、異様に細い体をしており、その脚、しっぽ、首は不自然なまでに長く、巨大な耳をしている。ペルシャのチャンピオンは、白い毛の塊に大きな丸い目を二つつけただけのように見える。猫本来の敏捷性は少しも見て取れない。実際ペルシャ猫は物に飛び乗ったり登ったりするのが苦手だ。また、扁平になった顔のせいで食べるのも飲むのも他の猫と比べると不自由で、正常な呼吸が難しいことさえある。

普通、突然変異の動物が子孫を残して、その形態が受け継がれていくことはあまりない。しかし猫が縮れ毛だったり、逆に毛がなかったり、耳が垂れていたりすると、珍しさから、それを残すよう交配が進められることがある。こうして生まれた血統には、レックス（縮れ毛）、スフィンクス（無毛）、スコティッシュ・フォールド（耳が垂れている）などがある。このような猫の存在を知らない愛猫家が、最近のコーニッシュ・レックス［イギリス原産の猫。全身を覆う巻き毛が特徴］のチャンピオンを見たならば、衰弱した捨て猫だと思い、哀れに思うあまり、醜さに目をつぶって引き取ると言い出すのではないだろうか。

いろいろな血統の猫がいても、そういうことをどれだけ重視するかは、人によって異なる。実際、現在目にする猫のほとんどは、短毛の雑種だ。それでも、書店で猫関連の棚を見てみると、大部分が写真入りで血統別の特徴とその歴史（ほとんどはフィクションだ）を述べている。あたかも、猫愛好家たちの最大の関心がそのような面にあるかのようだ。

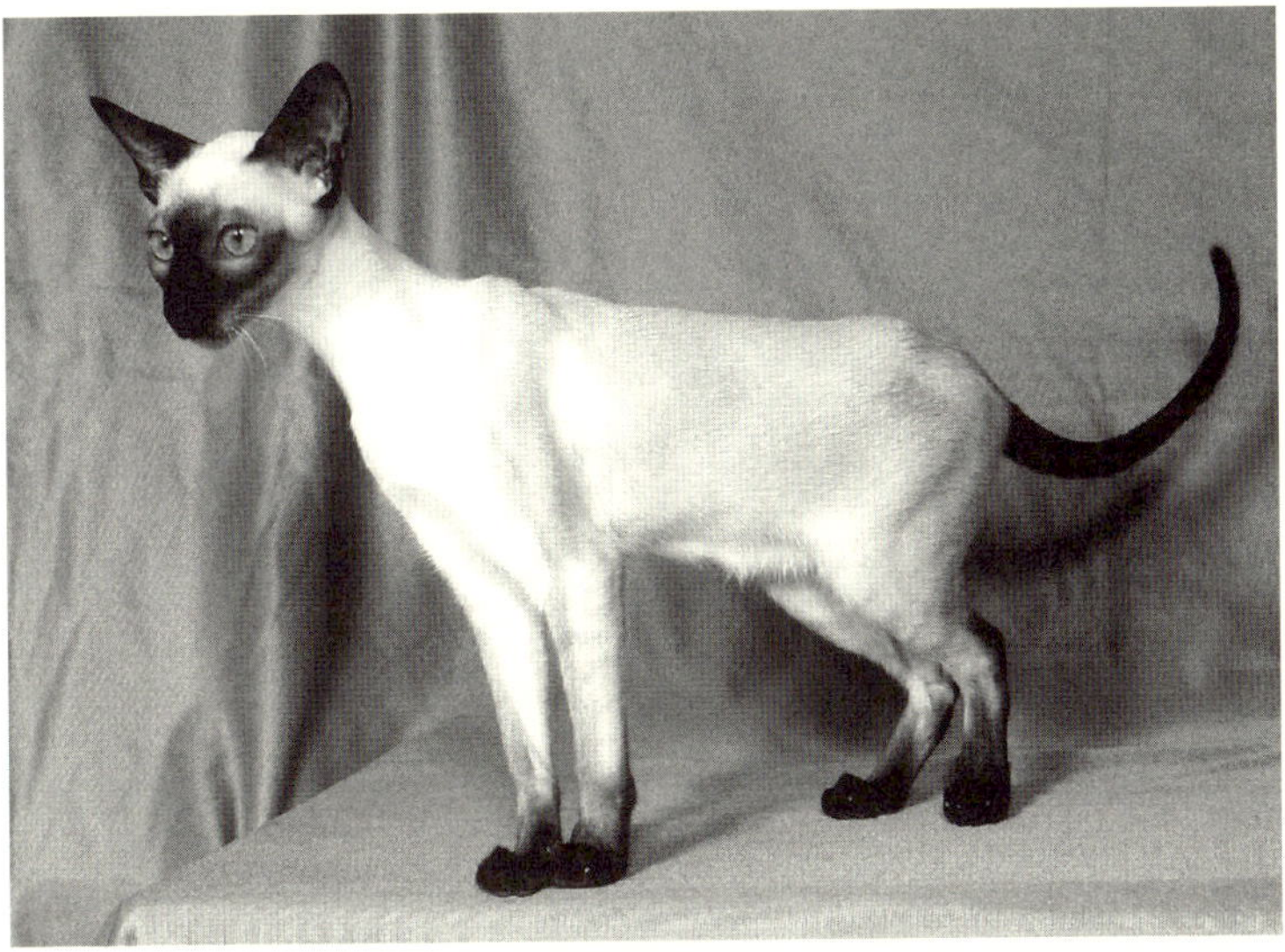

最高位を獲得した猫『サロコズ・ベルズ・スター』。シャム猫では、ほっそりした体型が最高に優雅とされる。

ペルシャ猫のチャンピオン『ピュリンロッツ・セブン・オブ・ナイン』。贅沢な毛並みと貴族然としたたたずまい。

4章 女性は猫、あるいは猫は女性

猫は、古くから女性と関連づけられてきた。猫の形をしたエジプトの女神バステトは、女性の性的魅力や母性を象徴していた。『長靴をはいた猫』や『ガーフィールド〔アメリカの漫画家ジム・デイビスの、同名の漫画に登場する主人公のトラ猫〕』のような例外はあるが、基本的に私たちは猫を女性、犬を男性として捉えてきた。これをあえてひっくり返して言うときのために、英語には、「tomcat（雄猫）」「bitch（雌犬）」という語が別に存在している。また、女性を猫で表すにしても、意地悪な老婆なら「cat」だが、きれいな若い女性なら、どちらも子猫を意味する「puss」や「kitten」を使う。猫の小さく柔らかで優美な姿は、女性が憧れる美を体現していると言えるだろう。

世俗のものに美を見出すようになったルネサンス期以降、肖像画の中に猫を描き込むことで、女性の魅力をさらに引き出そうとする画家もいた。

そのうちの多くは、色やポーズで両者に類似性を持たせている。バッキアッカ［一四九四〜一五五七年、イタリアの画家］の『猫を抱いた若い女性の肖像』（一五二五年頃）［口絵10頁］に描かれているのは茶トラ猫だが、それを抱く女性の髪の色も茶で、まとっている金色の服には縞模様が入っている。猫は獲物に気づいたかのように目を見開いて、今にも臨戦態勢に入りそうな顔だが、女性も同じような表情でこちらを見つめているのである。本能をむき出しにした猫の存在がなければ、女性の視線がこんなにも思わせぶりで挑発的に見えることはないかもしれない。ここまであからさまではないにせよ、ジャン＝バティスト・グルーズ［一七二五〜一八〇五年、フランスの画家］の『糸巻き』（一七五九年）でも、猫に女性の性的な含みを持たせている。まだあどけなさの残る女性が、ぼんやりと夢見るような表情で糸巻きをしているのを、猫（こちらもまだ幼い）が傍らで見つめている。毛糸に向かって今にも跳びかかろうと身構えているその姿は、成熟して繁殖活動を始めるようになる日が近いことを示している。若い女性の傍らに、このような猫を置くことによって、グルーズは女性の中にも同じようなエネルギーが秘められており、あどけないその顔がもうすぐ女の色香をまとうであろうことを暗示している。

豊満な女性像で有名なルノワール［一八四一〜一九一九年、フランスの画家］の猫の使い方は、もっと分かりやすい。女性と同じく丸々とした猫を同時に書き込むことで、健康な肉体美を強調したのである。登場する猫はどれも、ふわふわして愛らしく、捕食動物の野性的な

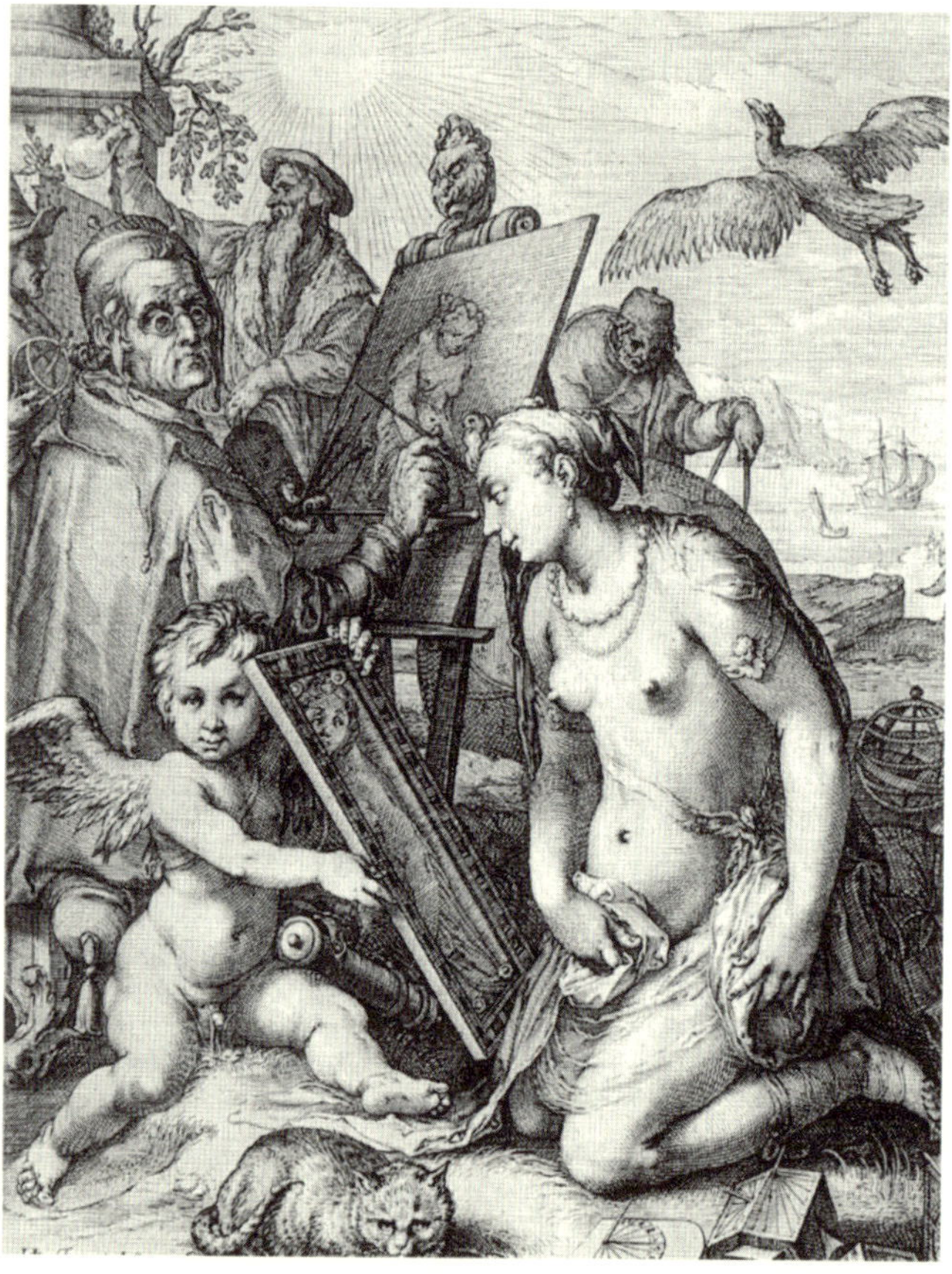

ヤン・サーンレダム[1565～1607年]の版画『視覚の寓意』でも何かを暗示するように女性とともに猫が描かれている。

エネルギーはほとんど見られない。それは絵の中の女性が持つ雰囲気とまったく同じだ。一八八二年頃に描かれた『若い女性と猫』［口絵11頁］では、ルノワールの将来の妻となる女性が、夢見るような目で猫を見つめている。一方の猫は、優雅に花の匂いを嗅いでいる。両者とも、生きるものが自然に持つ美を甘受していると同時に、それを自ら体現する存在となっている。女性の肌、髪、猫の毛並みのどれをとっても、柔らかな質感で見事に統一され、色も、猫のべっ甲色と白の柄が、女性の赤茶色の髪と白い服に対応している。

しかし多くの場合、猫は、娼婦が巧妙に男性を誘惑するさまを際立たせるのに用いられてきた（一四〇〇年以降、「cat」は、娼婦のことを言うのにも用いられた）。絶えず毛並みを整え、性的にも旺盛であることから、猫は身持ちの悪い女性を象徴するのにぴったりの動物だったのだろう。

コルネリス・デ・マン［一六二一〜一七〇六年、ドイツの画家］の『チェスをする人たち』（一六七〇年頃）に描かれている二人は、どう見てもチェスより男女の駆け引きに夢中になっている。この勝負は男のほうが、分が悪そうだ。女性は鑑賞者のほうを振り返って見ているが、その余裕のある表情は、自分が主導権を握っていることをアピールしているかのようだ。床には大きなトラ猫がいて、同じような訳知り顔で彼女を見上げている。ことの次第も顛末もすべてお見通しといった具合だ。

1章でも紹介したウィリアム・ホガースの『娼婦一代記』の三枚目では、娼婦モル・ハッ

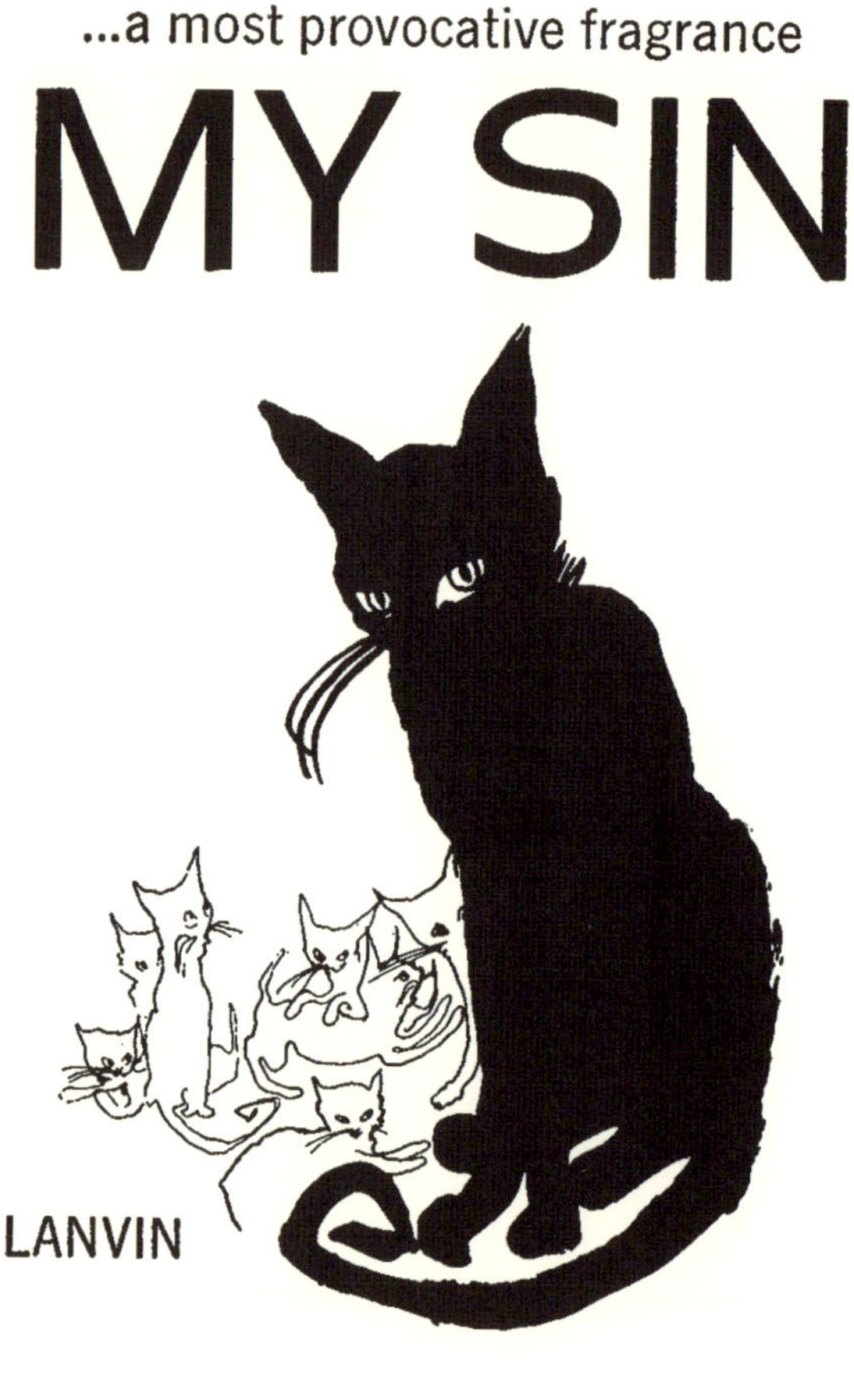

フランスのブランド、ランヴァンの香水「マイ・シン」の広告（1962年）。猫が性的魅力と多産を表しているのは、エジプトのバステトと同じである。

クアバウトの前にいる猫が、尻を高く上げる意味深長なポーズをとっている。またニコラ・ベルナール・レピシエ［一七三五～八四年、フランスの画家］の『ファンションの目覚め』（一七七三年）では、乱れたベッドに下着姿で腰掛け、ストッキングをはこうとしている女性のむき出しの脚に、みすぼらしい猫が体を擦りつけている。どちらの猫も、性の営みを暗示することで女性の立場を象徴していると同時に、卑俗な場面にふさわしいものとして描き込まれているのである。ナサニエル・ホーン［一七一八～八四年、イタリアの画家］が描いた高級娼婦キティ・フィッシャーの肖像では、猫の担う役割はさらにあからさまだ。魅力的に描かれたキティの側で、猫が金魚鉢のふちにしがみついて、中の金魚を捕ろうとしている。慎ましい仕草をまとって、男を食い物にする女性の強欲を、猫が暴いているのだ。マネ［一八四一～一九一九年、フランスの画家］による娼婦の肖像『オランピア』（一八六三年）では、彼女の職業を明示するために元気そうな黒猫が描かれている。もっともここでは、黒猫が本能のままの奔放さを示しているのに対して、女性のほうは冷めた目つきで仕事に従事している。

アルフォンス・トゥスネル［一八〇三～八五年、フランスの作家、ジャーナリスト］は、『感情の動物学』（一八八五年）の中で、猫と娼婦の共通点を述べている。「どちらの『動物』も結婚生活には向かず、外見の維持だけには余念がなく、妙に艶やかで、愛撫されるのが好きだ。獲物を見つけると獰猛になるが、そうでないときは物腰柔らか。夜の世界に生き、その激しい営みで上品な人間に眉をひそめさせる」。トゥスネルはさらに敵意を露わにして、「この取るに足らない動物たちは、常に快楽と気ままさの中で生きている。夢想と睡眠のうちに怠惰な一日を送り、ときどきネズミを捕って仕事をしているふりをする」と決めつける。さらに、「気乗りしないことに対しては一切の労力は払わないが、快楽、遊び、一夜の愛のことになると疲れ知らずの活力を発揮する」とまで言う。「何の話だったか分からなくなってきた」とわざとらしく言い、「猫だったかな、それとも人間界でいう『猫』のことだったかな」とつけ加えるのだった。[*1]

『テレーズ・ラカン』(一八六七年)の前半部分でエミール・ゾラは、テレサを猫として描くことで、彼女の心情に直に寄り添った。堅苦しいラカン家に育って、すっかり無感覚で生気のない人間になったテレーズは、椅子に座ったきり、黙りこくっているのが習慣になってしまった。だが、腕を上げたり、足を前に出したりする姿を見ると、猫のようなしなやかさと引きしまった力強い筋肉が彼女の中に潜んでいることがよく分かり、その肉体には、あり余るエネルギーや情熱が眠っていたことに気づかされるのだった。[*2]猫の外面の静けさと内面に秘めた激しさは、たくましい生命力を持った女性が、不感症的な人たちの中に囚われているさまを、そのまま象徴している。つまり、猫と同様に、テレサも社会的制約から自由になるべきだというメッセージがそこには込められているのだ。しかし、一八八〇年に『ナナ』を書いたときゾラは、主人公に対しても猫に対しても、深い洞察や

ラファエル・キルヒナー[1876〜1917年、オーストリアのイラストレーター]の『触れ合う足と脚』(1915年頃)。猫の存在が性的な感興をそそる。

感情移入を見せることはなく、むしろ猫と娼婦をつなげるステレオタイプ的な考えに寄ってしまっている。ナナが舞台に立つ劇場に猫はあふれており、いかがわしい場所の雰囲気を強調する役割を持っている。ナナ自身は人を愛することができない人間だが、温もりを求めて巧みに人に擦り寄る点では猫に似ている。彼女は男の上着をめくって顎を擦りつけて取り入り、分不相応な役を手に入れるのだった。

ゾラの同時代人たちは猫を愛したし、性的魅力のある女性も好きだった。女性を猫と結びつけることで、その魅力は増したが、一方でその比喩は、女性の非道さへの告発や攻撃につながることもあった。猫が象徴するような夜の神秘性や退廃、悪徳などに惹かれる者は、不実で破滅的な女性にも魅力を感じた。それと同時に、猫は鋭い爪を隠し持っていて、人の献身に報いようともしないことから、自分の恋人が思わぬ面を見せたり冷淡な態度をとったりしたときに、「猫」呼ばわりをして、攻撃する便利な存在として用いられたのだった。ボードレールは、伴侶ジャンヌ・デュバルのことを、「優雅な物腰の中に、時折冷酷さを見せ、尽くしても理解せず、応えようともしないまるで猫のような女だ」と言った。『悪の華』の中の「猫」という詩には、執拗に猫に触れる描写があるが、そこには、ジャンヌの冷淡さを自覚しつつも、愛することを止めずにはいられない自身の気持ちが反映されている。猫にしても女性にしても、その危険な空気ゆえに、魅力が増すのである。

ポール・ヴェルレーヌ［一八四四〜九六年、フランスの詩人］の『女と雌猫』（一八六六年）は、女性が猫と遊ぶ様子を詠んでいる。ヴェルレーヌはその詩の中で、黒い手袋の下に隠し、人を傷つける女性の手と、剃刀のように鋭い爪を隠す柔らかな猫の手を重ねあわせている。[*3] 猫が爪を隠すのはもちろん、狩りに有利なように進化した生物的機能だが、ここでは、猫の狡猾さを示す象徴として、便利に用いられている。

さらに論理は拡大され、猫は、女性が隠し持った本性を非難するために使われている。この飛躍した比喩は、疑いようのない真理だと思う人がいてもおかしくないくらい、実に頻繁に用いられてきた。E・V・ルーカス［一八六八〜一九三八年、イギリスのエッセイスト、劇作家］はエッセイの中で「猫が自分だけに注意を向けてくれると誇らしい気持ちになる。部屋の中で一番美しい女性が自分を選んでくれたのと同じことだからだ。これは危険な誘惑である」と述べている。[*4] 女性を中傷するつもりはなかったのだろうが、ルーカスは美女を動物と同等に扱っているだけではなく、猫が小さな動物にとっては危険な捕食動物であるように、女性もその情欲で男を食い物にする危険なものだということを、はっきりとは言わないまでも、もっともらしく述べているのだった。

ギイ・ド・モーパッサン［一八五〇〜九三年、フランスの作家、詩人］のエッセイ『ネコについて』では、猫と女性に対する敵意は露骨かつ辛辣だ。ある日、彼が読書をしていた時に、大きな白い猫が膝に乗ってきたところからエッセイは始まる。猫が仰向けに転がったり、頭を擦りつけてきたりするのを、彼は撫でてやる。しかし、彼は猫を可愛がりつつも、その中に隠れた獰猛さを警戒する。猫の中に敵意を見出す彼は、撫でている猫を絞め殺してやりたいという不思議で、残忍な欲望を感じる。そして、話が猫の魅力から女性の魅力へと移っていくと、このような奇妙な心情は、より具体的になってくる。身を擦り寄せてきた猫を撫でていると、「そのかわいらしさには何かしら不安なものが感じられ、ああやって気持ちのよさそうな様子をしていても、ほんとうはこちらを裏切りかねぬエゴイズムに満ちているのではないかというふうに感じられる」という。そして、彼は女性に対しても同じように感じる。「女のそばにいて、女がくちびるを突き出しながら腕を開いて近寄ってくるとき、われわれは胸をときめかせながら女を抱きしめ、彼女たちのやさしい愛撫にここちよい肉感的な喜びを味わう。すると、それはちょうど雌ネコを抱いているような感じがするものだ」と続けるのだった[*5]。

この激しい愛憎が、個人的な体験に基づくものなのか、あるいは、愛を危険な駆け引きで彩るロマン主義の産物なのか、どちらなのかはよく分からない。いずれにしても、女性を猫と同一視することで、愛の葛藤を見事に表現している。爪を隠しながらも優雅に振舞い、盛んに交尾相手を求めたかと思えば、冷淡に自己利益だけを求める猫の姿は、女性の愛は条件つきだ言う人々にとっては、格好の比喩になった。

逆に女性の冷酷さと二重性を猫に投影することもあった。ジグムント・フロイト［一八五六〜一九三九年、オーストリアの精神医学者］によると、男性が穏やかで毅然としたナルシストな女性に惹かれるのは、男性は成長とともにナルシシズムを放棄しなければならないからだという。女性にはその必要はなく、成長してからも他者から愛される対象であり続ける。人々が猫に魅力を感じるのも同じ理由だ。一方で、女性と猫が共通して持つとされるほかの面「冷淡さ」「不実さ」「不可解さ」については不満の対象となるのだ。[*6]

人間は、自身の中の動物的欲求を、自分より「下等な」動物に投影するものである。猫に愛着を感じつつも、セクシュアリティを象徴する存在として捉えることが多いのは、その一つの表れだ。ただ猫の場合、それが否定的な意味にとどまらないのが、ほかの動物と違うところだ。英語でヤギ（goat）を性的な比喩で用いたら、それは下品な好色漢でしかない。一方、「猫（cat：性悪女、娼婦などの意味）」は、「cathouse（売春宿、安宿などの意味）」とともに、卑しく不道徳なものを言うのに用いられるが、「catlike（猫のような意味）」な女性と言うと、たいてい美しく魅力的な人のことになる。前述のキティ・フィッシャーのような娼婦のことを言うときでも、やはりその人に魅力があることを示す。猫に関する俗語も、下品な意味の中にも、若干の肯定を含んでいる。「子猫」を意味する「pussy」は、俗に女性器や性交の対象としての女性を表すが、それらは、手に入れたいものとしてそう言われる。「雄猫」を意味する「tomcat」を動詞で用いると「女を漁る」の意味になるが、ここにも一種の不良っぽい魅力を振りまいているニュアンスがある。このように、雄猫がそのたくましさをもとに比喩で用いられることもあるにはあるが、人間の男性は一

ジョン・スローン［1871～1951年、アメリカの画家］『屋根の上の日光浴』（1941）。ここでも猫がエロティックな雰囲気を醸す。

般に、猫のことを女性の情欲と結びつけて考える。自らの欲望を棚に上げておいて、それを女性の中に投影するのが男性の常で、猫はそのために都合よく利用されてきたのである。

バルテュス［一九〇八～二〇〇一年、スイスの画家］は、猫を用いて旺盛な男性性を表した。彼の絵に登場する意地の悪そうな雄猫は、猫を女性的に捉える伝統とは一線を画したものだ。彼がよく用いた図は、女性（少女のこともある）が無防備な格好で挑発的なポーズをとっていて、傍らで雄猫が意味ありげな視線を投げかけているというものだ。『猫と戯れる裸婦』（一九四九年）という画では、裸の女性の後ろにある台の上で、猫がほとんど人間のような表情でにやにやと笑っている。女性はまるで、その裸身を猫に向かってさらしているかのようだ。『地中海の猫』（一九四九年）では、首から上が猫の男性が、うれしげに笑っている。食卓

バルテュス『地中海の猫』(1949年)。油絵。男性の姿をした猫が描かれる。

の皿に魚が自ら飛び乗ってきてくれたのだ。同時に、半裸の女性がボートに乗ってこちらへ向かってきている。男はこの後、どちらものにするのだろう。ただバルテュスは、雄猫と自分を重ねたというよりは、そのたくましさに憧れていたのではないかと思われる。『猫の王』(一九三五年)に描かれた自画像は、貧弱な体をしたインテリ風の男であり、その脚にたくましい体つきの雄猫が擦り寄っている。彼の描く雄猫は、情欲の象徴というよりは、うらやむべき旺盛な生命力を表したものと言えるだろう。

日本の遊女は、西洋での娼婦ほどは道徳的に非難を受ける存在ではなかった。しかし、遊女もやはり同じく、優雅な美と巧みな(あるいは狡猾な)技で男を虜にする点において猫と同一視された。夜になると家のことは顧みずに動き出し、自由な歓楽の世界に生きるものとして、浮世絵師たちは遊女と猫を同じ画面に書き込んだのだった。懐月堂《かいげつどう》度繁《どはん》［江戸初期に活躍した浮世絵師。生没年不詳］の『猫とたわむれる遊女』の女性は、猫がじゃれつかないように身をよじって着物の袖を引き上げているが、その仕草によって女性の裸足が裾からのぞいている。猫によって、さりげない艶っぽさが引き出されているのである。歌川国芳の春画にも、よく猫が登場している。営む男女の近くに猫がいて、それを興味深そうにじっと見つめているのである。また、慣用句で「猫をかぶる」といえば本性を隠しておとなしげに振舞うことであり、「猫なで声」は人の機嫌を取ろうと、わざとらしく出す甘い声のことを言う。

女性から見た猫

猫に喩えられてきた側である女性たちは、猫に性的な意味を見出すことはまずないと言ってよい。男性画家が女性と猫を同時に描いた場合、そこには、ほぼ例外なく何らかの性的な含みがあるが、女性画家が猫をそのように使うことはあまりない。セシリア・ボー［一八五五〜一九四二年、アメリカの女性画家］の『シータとサリータ』（一九二一年頃）［口絵12頁］での猫の使い方は古典的で、猫シータは、控えめな印象の女性サリータの手の内にきちんと収まっているように見える。それと同時に、まだ幼いがゆえの好奇心や人懐っこさも感じさせる。サリータは白い服で、血色の悪い顔に硬い表情を浮かべ、視線は鑑賞者の背後へ向かっている。一方、その肩に乗った黒猫シータの金色の目は、何かを問いかけるようにじっとこちらを見つめている。それでもサリータの手に余ることはなく、肩の上で従順にしている。二人の間には、静かながらも確固とした愛情関係が築かれているようである。

男性が猫を都合よく用いて、女性の誘惑と冷淡を攻撃するならば、女性のほうも猫を用いて、女性に要求ばかりする男性の身勝手を暴くこともできる。女性作家にとって猫は、セクシュアリティではなく独立を表すシンボルとして、因習的な性役割や期待から開放するものとなり得る。シルヴィア・タウンセンド・ワーナー［一八九三〜一九七八年、イギリスの女性小説家、詩人］の『ローリー・ウィローズ』が、その良い例だ。主人公のローリーは未婚の中年女性で、家族の世話ばかりしていたが、彼女の前に現われた猫が魔女にしてくれたおかげで、その生活から解放されるという話だ。要求ばかりされる生活に我慢ならなくなった彼女は、ある日大声で助けを求める。その日、家に帰ると、一匹の黒猫がいた。黒猫は彼女の手を引っ掻き、舌なめずりをすると、そのまま寝てしまった。ローリーは、この猫は悪魔の使者であり、今のは悪魔との血の契約だったと悟る。彼女は猫をビネガーと呼ぶのだが、これは一七世紀に「魔女狩り将軍」を自称していたマシュー・ホプキンス［一六二〇年〜没年不明、イギリス］の記録にある猫にちなんでいる。ビネガーは、小説中では単なる猫、悪魔の使いのどちらともとれる書かれ方をしている。はじめローリーは、ビネガーに心を開けないでいたが、不安げな鳴き声と期待に満ちた目に心が解きほぐされ、ついに自分の猫として飼うことにした。ビネガーは、彼女の甥が村を出て行く呪文を唱えたが、経験不足のせいか、効果はなかった。これはビネガーにとってはじめての呪いだったらしい。[*7] ビネガーは使者としてユーモラスに、しかも現実味をもって描かれるが、普通の猫としても、ローリーが他人の要求に左右されない自分なりの生活に目覚めるきっかけとなる、重要な役割を担っている。彼女は、自分を縛りつけないパートナーとの生活の中に、自由を見出すのである。現在でも、一種の信仰として魔女を名乗る人々は、伝統的な父権的宗教に対して異議を申し立てているものだ。

コレット［一八七三～一九五四年、フランスの女性作家］やジョイス・キャロル・オーツ［一九三八年～、アメリカの女性作家］は、猫に情欲を投影する傾向が男性にあることを利用して、小説の中で、妻に対して身勝手な行動をする男性を描き出した。コレットの『牝猫』、オーツの『白猫』のどちらにおいても、家の猫を病的なまでに愛する夫が登場する。彼らは猫のことを恋愛対象と見ているのだ。

『牝猫』では、アランという男が、シャルトルー［フランスで改良された青みがかったグレーの色をした猫種］のサアに思いを寄せているが、その愛は本来新妻のカミーユに向けられるべきものである。カミーユの気持ちはそっちのけで、アランは結婚したことで猫が嫉妬しているのではと、サアのどんな小さな仕草にも敏感に反応する。やがて妻カミーユの嫉妬は制御不能となり、ついに女同士の対決に至る。巧みな駆け引きの後、カミーユはサアを一〇階の窓から投げ落とす。結局、無事だった猫を連れて、アランは実家へ帰って行く。アランは、自分の猫好きは審美眼の表れであり、猫の落ち着いた優雅なたたずまいは、いかなる女性も敵わないと考えている。しかし､猫のように大きな音や環境の変化を嫌がったり、人間同士の情愛よりも、猫的な割り切ったつながりを好んだりするようでは、一人の男として生きるのは難しい。現実世界に住むことができない利己的なアランにとっては、猫が自分の世界の理想のパートナーなのである。女性と成熟したやり取りをするよりも、猫を一方的に可愛がっているほうが楽しいのだ。カミーユは最後に、猫を殺そうとしたのは悪かったと認めつつ、アランの猫への愛は普通ではないと言い放つ。「何の罪もない忠実な動物」を殺そうとした私を「人でなし」と言うのなら、猫のために妻を捨てるアランこそ「人でなし」だと言うカミーユのほうに明らかに理がある。

カミーユが猫に嫉妬するのは筋が通っているが、オーツの『白猫』では、ジュリアス・ミューアーという男が、妻の猫に対して理不尽な嫉妬を見せる。ジュリアスは、ずっと年下の妻アリッサに自分のことだけを見て欲しいと思っているが、プライドの高い彼は、そんな気持ちが自分にあることを認めたくはない。妻の気持ちが子供に向かっていると思った彼は、彼女の目を逸らすために白いペルシャ猫をプレゼントする。しかしジュリアスは、アリッサは自分にすべてを捧げるつもりはないのではないかという思いに、結局は囚われるようになる。そのきっかけとなったのは、あからさまに冷淡な猫の態度だった。ミランダというその猫は、彼の社会的地位をわざと無視しているように彼には見えたのだ。彼が呼んでも瞬きもせず、しかも一切興味もないといった目で見つめてくるだけ。それどころか、ミランダはジュリアス以外なら誰でも好きなようだった。妻の上司であり友人である人物の足元に擦り寄ったり、客人たちの輪の中に楽しそうに入っていったりするのを見て、自分でも驚いたことに、彼は猫に対して殺意を覚える。猫の姿の中に彼は、妻の関心が自分以外のこと（若い上司や友人たち）に向かっている現実を見る気がしたのである。そしてついには、ミランダはアリッサそのものであり、自分をないがしろにするようなものは死ぬべきであるとまで考えるようになり、猫を殺しにかかる。しかし二度失敗し、今度は妻を、我が身もろとも殺しにかかる。車を大破させ、目的を成し遂げたかに思えたが、結果は自分が不自由な身体になってしまっただけだった。物語の最後、彼は目も見えず、体も動かせない状態で、アリッサの美しい声を聞きつつ、せめて猫の柔らかな重みを自分の膝に感じたいと願う。[*8] 彼は嫉妬に対して、正当な報いを受けたということなのだろうか。それともやはり猫と結託した女性は不吉な力を持つのだろうか。

献身的な主婦にされた猫

猫は、主婦としての女性とも関連づけられてきた。かつては、女性は主婦として家にいるのが普通のことだったし、猫も普通、家かその周辺にいるものだからだ。「妻も猫も家にいるものが一番良い」と昔からあることわざのように考えられていた。猫を悪魔の使いとする伝統がありつつも、多くの画家が、聖母子像に気立てのよさそうな猫を書き込んだのはこの理由によるのだろう。バロッチの描いた『聖家族』の一つでは、イエスをあやすマリアの服の上で、母猫が子猫の世話をしている。二つの母親像を重ねているのは明らかだ。同じくバロッチの『受胎告知』(一五八二～八四年)に描かれた猫の寝顔は、マリアの顔と同じくらい穏やかだ。

ヴィクトリア朝時代には、主婦のあるべき姿として、猫が手本とされた。ジュリア・メイトランド［一八〇一～六四年、イギリスの作家、旅行家］の『猫と犬—ある猫と船長の物語』(一八五四年)は、猫を用いて子供たちに性役割を説いている。船長役の大きな猟犬は、白い猫と一緒に過ごすうちに、自分にはない素晴らしい猫の性質に気づいていく。この犬も猫も、主人に仕えることを喜びとする良い動物として描かれる。その点では当時の理想的な夫婦像だ。犬は物語の語り手でもあり、猫のことをこう評する。「穏やかで、優雅で、丁重であり、いつでも近くにいてくれ、何事にもよく気がつくが、決して邪魔になったり、出過ぎたりすることはない。気を利かしてよく動くが、引くべきところはちゃんと心得ている。気立ては優しく慈愛にあふれ、生活は規則正しい。家庭的な女性の理想像である」。ちなみに、この猫の本来の仕事は当然ネズミ捕りなのだが、それについては触れられていない。やがて猫は犬にとって、幸せな家庭生活を約束してくれるよき伴侶となり、犬自身も彼女の庇護者となる。猫はもともと臆病で、人間のすることに興味を示さず、体も小さい。このことが転じて、自ら望むところのない女性の奥ゆかしさを表すようになった。ただこのような女性が示す美徳は、男性が表す美徳よりも下に置かれていた。このことは、フィリップ・ハマトン［一八三四〜九四年、イギリスの画家、エッセイスト］の著書『動物について』の猫の章にはっきりと表れている。猫も女性も、きれい好きで物静か、そして感覚が鋭いと（猫の場合は身体的な意味で、女性の場合は社会的な意味で）、あたかも客観的事実のように述べ、そして、このような性質は高潔なものではあるが、犬や男性に見られるよう

ピーテル・ユイス［1519頃〜77年、フランドル地方の画家］による『受胎告知』でも猫が描かれる。版画。

なものとは比べるべくもないと言うのである。さらに、猫を好きなのが主に女性か、そうでなければ女っぽいインテリ男くらいなのは、その点で納得できることだと続ける。[*9]

一九八〇年代まで、グリーティングカードには猫が実に多く使われていた。ほぼ例外なくと言っていいくらい、猫が女性と一緒にいたり、あるいは猫が女性として描かれていたりした。ほかには、母親が刺繍をするロッキングチェアの横に座っていたり（一九七八年のカード）、母の日だから母親が手をつけずにいる洗濯物の山の上にちょこんと座っていたり（一九六八年）するのである。同じ一九六八年に出された母の日用のカードにはこんなものもある。「妻へ」と書かれた表側では、主婦が掃除や料理をするのを、同じようにバンダナを頭に巻いた猫が見ている。カードを開くと、その猫がきれいなドレスを着て、ばっちり化粧もして、花束を持っているのだ。その傍らでは、首にはリボンを巻いた子猫が母猫と同じ笑みを浮かべている。一九七五年につくられた母親宛てのバレンタインカードでは、猫がエプロンをつけ、冠をかぶっている。

女の子向けのカードも、将来、家庭で担う役割を意識させるものになっていた。バレンタインカードにも、誕生日カードにも猫が載っていて、あなたたちもこんな風になるんですよと言わんばかりに、愛らしく慎ましやかな姿を見せている。息子と娘が父親へ一緒に渡せるよう、対になった一九八一年のバレンタインカードでは、男の子が機関車を運転していて、その後ろの座席に犬が乗っている。一方、女の子のものは、椅子に腰掛けてカードの文面を考えており、それを猫が見上げている。一九六九年の卒業祝いのカードでは、卒業を迎えた女の子を、白い猫がすっくとした姿勢で見上げているが、これは、学歴も大切だが女性としての魅力のほうがもっと大切だというメッセージを送っているようにも見える。現在のグリーティングカードでは、猫も女性もようやく昔ながらのステレオタイプ的な役割から抜け出すことができた。描かれる女性は伝統的な役割を担ってはおらず、猫が男性とともに登場していることもある。

気立ての良い猫が、良い妻を表すならば、そうでない猫は、そうでない妻を表すはずだ。中世の説教師たちはしばしば、着飾って出歩く女性のことを、徘徊する雌猫に喩えてきた。『無商旅人』（一八六〇年）で、ロンドンのスラム街にいるみすぼらしい猫たちのことを書いたディケンズは、ここぞとばかりに女性も槍玉に挙げた。そこにいる猫はだらしない妻と同じであると、女性を野良猫の地位にまで引き下げたのだ。[*10]

女性のことを言うのに、猫は実に便利な存在だったのだろう。どちらも、ちゃんとした母親であること、清楚であること、振舞いが穏やかであることを求められていたからだ。ディケンズは、猫を例に出せば、無責任に子を産み、きちんと世話をしない人間の母親に対してずっと抱いていた思いを表すことができると考えたのではないだろうか。

ドン・マークウィス［一八七八〜一九三七年、アメリカのユーモア作家］の詩『アーチーとメヒタベル』の主人公ゴキブリのアーチーには、野放図な生活を送る雌猫メヒタベルという友

ポスターでも猫が使われた。デーヴィッド・ベラスコ［1853～1931年、アメリカの劇作家］の喜劇『ノーティ・アンソニー』（1900年）のポスター。

達がいる。既存のルールに囚われないメヒタベルは、同様の女性を体現する存在でもあるが、この猫に同情的な視点で書いているのが、この詩の新しいところだ。一九二〇年代には、女性は家庭的な理想像から解放されたことになってはいたが、それでも女性の地位と仕事は以前と変わらないままだった。猫はこのことを表すのに格好の材料だった。というのは、因習的な体裁にはこだわらない精神を持ちながらも、子供を産んでしまえばそれを一人で世話をしなければならない点では、猫も自由な女性も同じだからである。メヒタベルは友愛結婚［子供を持たないことに同意し、合意の上で簡単に離婚でき、その場合も互いに経済的義務を負わない結婚形態として提唱されたもの］をしようとしたのだと、急進派を名乗る雄たちがメヒタベルを批判する。彼らはすべてのものの性的解放をうたいつつ、実践するのは自分たちだけという偽善者だ。「腹黒の

マルタネコ　首に銀の鈴なんかつけちゃって　そいつはメヒタベルに友愛結婚を申し込んだ　いま流行のやつだ」［マルタネコはマルタ島産の青灰色の猫のこと］メヒタベルは「結婚したら　できるかもしれない　どんな結婚でも　子猫が次々できちゃうかもしれない」と思いつつ、結婚を断ることができない。案の定、子供が生まれた途端、結婚相手は姿を消す。メヒタベルの出した結論は「友愛結婚だって　所詮アメリカ式と一緒じゃない　三食つきで　木曜も営業」［ここでは、アメリカ式はホテルの料金システムのことを指す。部屋代と三度の食事代を合算する］であった。

人間にせよ猫にせよ、苦境にある母親は、子供のためだけに頑張ろうとするが、それが

ドン・マークウィス『アーチーとメヒタベル』(1927年)の挿絵。ジョージ・ヘリマン[1880〜1944年、アメリカの漫画家]による。

できずに苦しむこともある。メヒタベルもそうだった。自分自身の生活を送りたいという気持ちに抗うことができず、「不公平じゃない　男たちはみんな　自由を謳歌して」と愚痴をこぼす。しかし最後に彼女は決心する。「いつも、いつまでも自己犠牲　これが私の座右の銘」メヒタベルは、愛する子供たちのために家をつくってやろうと思う。空き缶に子供たちを入れて、離れている間に雨が降って、子供たちが溺れてしまえばいいのになんて、考えないようにしたのだった。[＊11] 人間は、母親というものは子育てと自己実現の狭間で悩むものではないとか、喜んで自己を犠牲にするのは母親として自然なことだなどと、当たり前に思っているところがある。猫は人間世界のイデオロギーとは無縁だけに、そのような人間の思い込みが、実は間違っているということを、かえってはっきりと表現することができるのである。また、女性ならば、子供を鬱陶《うっとう》しいと思うような感情があることを絶対に認めないかもしれないが、猫ならば思ったことを自由に口に出しても問題はない。そのような女性の偽善をも、メヒタベルを通して彼は暴いている。

女性への非難に使われた猫

夫アダムの指示を待たずにイヴが勝手な行動をしたために起きた「人類の堕落」の場面を描いた画家たちは、その中に猫を描き入れて、イヴの不従順を強調することもあった。

アルブレヒト・デューラー［一四七一〜一五二八年、ドイツの画家］は、一五〇四年の作品で、画面の同じ側にイヴと猫を配置した。夫を誤った行為に導こうとする女性とネズミを取ろうとする猫を対応させているのだ。ヘンドリック・ホルツィウス［一五五八〜一六一七年、オランダの画家］の作品（一六一六年）では、アダムが誘惑の表情で自分を見つめるイヴの色香に、すっかり惑わされたかのように彼女を見つめ返している。その前景では、大きなぶち猫がやれやれとでもいったような表情で座っている。

ディケンズが雌猫について書くことで、ふしだらな女性のことを非難したように、博物学者ビュフォンも、猫を罵ることで従順ではない女性のことを非難した。猫を攻撃する際のビュフォンの執拗さは、「夫への従順と献身を押しつけられたと感じて拒否しようとする女性」に対する憤慨が、猫へと転嫁されたものと考えれば説明がつく。権威に対する犬と猫との態度の違いについての彼の記述は、同時代の保守的、家父長的な見方で、女性の善し悪しを論じたものと妙に一致している。動物にしろ、女性にしろ、自分なりの興味や意見を持つべきではなく、良い扱いを受けなかったとしても、相手に対しては常に好意をもって接するべきだというのだ。

男性が女性を支配下に置くことができるのは、女性よりも男性の方が合理的な思考ができるからだと考えられていた。そのため、男性に対抗する女性像は、思い通りにはいかない奔放なものである必要があった。それはまさに猫の持つ特質だ。イソップ童話『アフロディーテと猫』には、そういった猫と女性の共通点が見て取れる。ある人間の男性の愛を得たいと思った猫は、女神アフロディーテに頼んで、人間の姿にしてもらう。だが、寝室でネズミを見るや、ベッドを飛び出して襲いかかる。獰猛な本性は変わらなかったのだ。また、ジェフリー・チョーサー［一三四三頃〜一四〇〇年、イングランドの詩人］の『カンタベリー物語』に出てくる食事係は、このことを比喩として、持論を展開する。夫を捨てて他の男のところへ行く女性と、居心地のよい家を捨ててネズミを追いかけて出て行く猫は同じであり、どちらも本来一番自分にとってよいものを「束縛」と感じ、「愚かな自由」を求めるというのだった。

現代では、このような中世的な考えをはっきり口にする男性はいないが、かといってまったく思っていないわけでもないようだ。

一九一一年に発表されたアンブロース・ビアス［一八四二〜一九一四年頃、イギリスのジャーナリスト、作家］の『悪魔の辞典』は、辞書の体裁でいろいろなものを滑稽に定義した本だが、「女」の項目は、「この種族は、あらゆる猛獣の中で分布範囲が最も広く（中略）元来、猫族に属している」として、「ことにアメリカに見出される変種（Felis pungnans《ケンカッパヤイネコ》）は、動作が柔順で品があるが、雑食動物で、訓練次第では、口をきかないようにすることも可能である」と書かれている。冗談めかしているとはいえ、本当にそう思っている人がいるから、ジョークとして成り立つのだ。同様の考え方は、初期の精神分析学者たちも表明している。

フロイトは、女性は文明の進化を妨げるものだと言った。カール・ユング［一八七五〜一九六一年、スイス］が言ったのは、またしても女性と猫との類似性だ。猫は、飼いならされた動物の中で、最も飼いならされていないものであり、その点で犬や男性とは対照的だと言うのだ。[*12]

一九八〇年代、九〇年代には、愛猫家の神経を逆撫でするような本が次々と登場する。ユーモアを装っているとはいえ、女性への敵意がもっと露骨に表れている。サイモン・ボンド［一九四七年〜、アメリカの作家］の『死んだ猫の101の利用法』（一九八一年）では、死んだ猫を鉛筆削りとして使うというアイデアが載っている。机に置いて、尻尾を立てて、その肛門に鉛筆を突っ込むというのは、明らかに強姦を思い起こさせるものだ。「博士」を名乗るジェフ・レイドは、『猫依存症を撲滅せよ！』の中で、猫依存症になるのは、ほとんどが女性であり、それは女性が本来持つマゾヒスティックな性質によるものだと述べている。ロバート・ダフネが『彼女の猫を殺す方法』を書いたきっかけは、自分の彼女の関心が、自分だけでなく猫に向かっていたことへの怒りだったらしい。「何千年にもわたって、男は自分の女の猫を殺してきた。ネアンデルタール人だった頃は石やこん棒を使っていたが、文明の発達にともなってそのやり方はさらに巧妙になっていった。男女関係が上手くいった場合、その背景には必ず猫の死があるものだ」とダフネは述べている。猫を殺さなければならないのは、それ自体が言うことを聞かないものであると同時に、女性の愛情は自分だけに注がれなければならないのに、猫がいることによってそれが分散してしまうからと考える。そして、「猫がいなくなれば、邪魔ものはいなくなる。あとはずっと幸せな日々が続くだろう」[*13]と言う。そのような考えで猫を殺す者は、次は女性自身を殺すことになるのではないかと思う。そのような男の例としてダフネは、妃を次々と処刑したヘンリー八世を挙げている。この本が、猫嫌いの読者だけを対象にしたものだったら、そこまで売れることはなかっただろう。これを読んで喜んだ人々には、女性を傷めつける妄想は抱きつつ、表には出さないでいる人々も含まれていたのだ。一九九〇年には続編『続・彼女の猫を殺す方法』が出版され、さらに四〇の残酷な殺し方が紹介されている。その中では、さらなる続編『彼女を殺す方法』も予告されている。

世の男性たちが長く女性に対して苦々しく思っていたことを表現するのに、命令に従わない、冷淡な猫は実に便利なものだった。女性を思い通りにできない男性は、思い通りにならない動物に対しても苛立ちを覚えた。女性に人間の限界を超えるほどの全面的な献身を求める男性は、女性と同じ冷たさと隠れた悪意が猫の中にもあると考えたのだ。このように猫と女性を同一視することは、性役割を単純化し、それを事実かどうかもきちんと考えることもなく、ステレオタイプ化して取り入れることでもあった。こうして、この女はどうしても自分の言うことを聞こうとしない、家に引っ込んで無精なやつだ、まるで猫のようだという単純な比喩による攻撃が可能になった。

これまで見てきたように、猫は女性の性的魅力を強調することも、慎み深さを象徴することも、またその好色や冷淡、敵意を表すこともあった。どれも猫が本来持っている性質に基づいたものであり、猫には何の罪もないが、そういったイメージを投影された女性のほうは不道徳だと非難されたのだ。逆に、人間社会で不道徳と考えられることが、猫の性質の中に見出されることもあった。どちらにしても、男性は比喩を用いて、女性を劣った性として、猫を劣った家畜として貶めてきたのである。

どちらかというと女性は猫に感情移入をして見る。一方、男性は女性を見るときと同じように、猫を第三者的な目で外側から見る。このようにものを見ることは、安易な一般化につながる。そしてそれは必然的に、その対象物を貶めるような風潮となるものだ。ポール・ギャリコは、女性は猫のように上手に人を操り、また、自分より強い者に取り入って思いを遂げるやり口も、猫のように見事なものだと言った。これは典型的な家父長制的な価値観に基づいている。しかし、人を利用する行動は生まれつき備わっているものではなく、弱者が生き延びるためにはそうするしかないこともあるのだ。キンキー・フリードマン［一九四四年〜、アメリカの歌手、小説家］は、女性と猫には共通点がたくさんあるとして、それを羅列しているが、実はそこに書いてあるのは何も女性だけに限ったことではない。「心地良いもの、興味を惹かれるものを好み、撫でられたり抱かれたりすると喜ぶ。また、予期せぬときにいきなり飛びついてきたりもする」などと言うのだ。コンラート・ローレンツ［一九〇三～八九年、オーストリアの動物学者］は愛猫家で、猫のことを不可解だとか、裏表があるなどといって、けなすことはしなかったが、比喩を用いて、結果として女性を貶めている。［＊14］

世の本のほとんどは、一方の性によって語られる。絵についても同じだ。もう一方の性が本質的に異なるものとして見られ、その差異によって劣ったものとされてきたのは、その点では不可避だったのかもしれない。中国の易学では、万物は陽の気と陰の気によって生成していると考える。陽も陰もどちらも必要なわけだが、男性的なもの、天上的なもの、積極性、明るさ、活発さを表す陽のほうが、女性的なもの、地上的なもの、消極性、暗さ、受動性を表す陰よりも明らかに優位だ。中国でも朝鮮半島でも、男性と犬は陽に分類され、女性と猫は陰である。女性と猫にそれなりの価値は認めつつも、一番に置くことがないのは、西洋と同じだったのだ。

5章

猫には、猫なりの権利がある

現在では、猫は何かの象徴ではなく、家族の一員として扱われている。階層や序列といったものにこだわりを持つ人も減り、猫は「飼ってやる」ものから、対等な仲間になった（犬も同じだ）。持ち物ではなく家族になったことから、「飼い主（owner）」という言葉が敬遠されるようになり、アメリカでは、代わりに「保護者（guardian）」という言葉を、日常的にも法的にも使おうとする人が増えてきた。愛猫家は、猫の気ままさも攻撃性も、自分の中にもある性質として受け入れている。また、伝統的な性役割も崩壊し、猫を単純に女性と結びつけることも少なくなった。猫が人間と対等な存在となった今、文学作品の中の猫も、人間の親友として登場するようになった。猫は明確な個性を持つものとして語られ、その内面も実に生き生きと描写されるのである。

猫は言うことを聞かないとけなした近世の作家

とも、猫を理想の母や子供の象徴として美化したヴィクトリア朝の代表的作家たちとも違って、一九世紀には事実をありのままに見据え、猫の気ままさを称えた愛猫家が存在していた。フランソワ＝ルネ・ド・シャトーブリアン［一七六八〜一八四八年、フランスの政治家、作家］はその一人だ。

猫は他者に頼ることがなく、恩に報いることもない。だから誰にも愛着を持ったりしないが、私が猫を愛するのは、まさにこの性質によるのだ。撫でると背を丸めるが、これは気持ち良いからそうするだけで、犬のように、愛されている満足感という、つまらないものを感じているわけではない。犬は飼い主からの報酬が足蹴りだったとしても、おとなしく忠実にしていることに喜びを感じる。猫は独りで生きるので、社交というものを必要としない。従いたいと思ったときは従うし、相手をよく見ようと思えば寝たふりをするし、欲しいものがあるときは、ちゃんと手に入れる。[＊1]

アレクサンドル・デュマ［一八〇二〜七〇年、フランスの小説家］も、猫の見事なまでの「裏切り、騙し、盗み、わがまま、恩知らず」ぶりを喜んで受け入れた一人だ。「猫の自分本位の姿勢は、優秀さの証だ。犬が人間の狩りの手伝いをするのは、愚かだからだ。猫は鳥をとっても、自分で食べるという理由がちゃんとある」とデュマは言う。マーク・トウェインも「神が創った動物の中で、鞭の奴隷にならないものが一つだけいる。それが猫だ。人間と猫を掛け合わせれば、人間は進化するだろう。しかし、猫は退化するだろう」と書いている。[*2]

ラドヤード・キプリング［一八六五～一九三六年、インド生まれのイギリスの小説家、詩人］の『ゾウの鼻が長いわけ：キプリングのなぜなぜ話』に収められた有名な童話『ネコが気ままに歩くわけ』は、猫があくまで自分自身に忠実であることを称えている。ある女が男、犬、馬を手懐けた後、温かいミルクのにおいをかぎつけた猫が、女のいる洞窟に入ってくる。ネコは女に、ここに置いて欲しいと頼む。赤ちゃんの遊び相手をして、そばでゴロゴロ言っ

ラドヤード・キプリング自身による『ネコが気ままに歩くわけ』の挿絵（1902年）。

て寝かしつけ、洞窟のネズミ捕りもすると言うのだが、これらはもともと、猫が好きでやることばかりだ。こうして猫は、何の譲歩もすることなく、目的を達成する。今まで通り、気ままに歩く猫のままというわけだ。[*3]

ひねくれている、言うことを聞かない、恩知らず、冷淡、自分勝手といった、かつては攻撃された猫の特徴も、現在では魅力とされるようになった。犬を基準にして減点方式で見るのではなく、猫独自の個性を尊重する人が増えてきたのだ。一九八〇年頃から、グリーディングカードの猫も、単に可愛いだけのものから、ずうずうしいコミカルな姿に変化しつつある。ふわふわした子猫が大人になり、目だけが目立っていた顔にも、ちゃんと牙が描かれるようになった。人間に対しても、その輪の中に入ったり、愛おしそうに見つめたりするのではなく、生意気な言葉で笑いを誘うのだ。

ジェローム・K・ジェローム［一八五九〜一九二七年、イギリスの作家］は、『猫に関するあれこれ』の中で、猫が人間の見栄っ張りな心につけこんで、好意を得る方法を巧みに分析している。主人公のチンチラ猫が言うには、どの猫にとっても、立派な住まいを得るのは難しいことではないという。

家に狙いを定めたら、裏口のところで哀れな声で鳴けばいいのよ。戸が開いたら駆け込んで、最初に出会った人の脚にすりすりしなさい。できるだけ強くね。それから、

「あなたしかいないの」って顔で見上げなさい。これが大事よ。私の経験上、人間に取り入るには、信頼されているって思わせることがなにより手っ取り早いの。そうやって自尊心をくすぐられることなんて、彼らには滅多にないんだから。[*4]

チンチラにこんなことを言われたとしても、猫を悪く言える立場に人間はないというのがジェロームの考えだ。人間が猫より他人に思いやりがあるわけでなく、涙もろさと勘違いしやすさの度合いが、猫より高いだけだからという。猫から見た人間の存在価値が、心地良い住まいを与えてくれることであるならば、人間にとって猫は、自身のことを、親切で、信頼でき、特別に愛情を受けるに値する人物だと思わせてくれる点で価値がある。猫の愛情はいつでも手に入るわけではなく、人間のほうから一方的に愛情を注ぐだけなのが普通なのだから、猫が愛情を示してくれるということは、自分に特別な感受性がある証拠であり、犬の場合よりずっと喜ぶべきことだというのだ。

ポール・ギャリコは、『私のボスは猫』（一九五二年）の中で、猫はまったくもって、いい奴なんかではないとユーモアたっぷりに語り、「ありとあらゆる手練手管を駆使して、ペテン、物乞い、いかさま、おべっか、何でもかんでもやり遂げる」と言う。そして、「猫は構って欲しいときは甘えてきて、別のことに気を取られていれば、一切近寄って来ない」と続ける。[*5] 同じくギャリコの『猫語の教科書』（一九六四年）は、彼の猫が書いた本という体裁をとっている。野良猫だった自分が、猫を飼う気のなかった人間の家に棲みつき、我が物顔で振舞うようになるまでを、写真とともに説明している。猫は独立心が強く、人間の思い通りにはならないという「評判」を利用して、何か欲しいものがあるときは、親愛の情を見せたり、おせじを使ったりするとよいなどと、猫向けにさまざまなアドバイスが繰り出される。

ヴィクトリア朝的な愛らしいだけの猫も、物語やイラストの中ではまだ根強い人気があり、また、なぜあんな自分勝手な動物に振り回されなければならないのか理解できないという愛犬家がまだ多いのも事実だ。しかし、どちらの猫観も、もう時代遅れと言える。動物にしても何にしても、一緒に住んでいるものを当然のごとく服従させたいと思う人など、今やあまりいないのではないだろうか。むしろ、猫が言うことを聞かないことを面白がって受け入れたほうが、自分は公平な人間だという満足感を無理なく得ることができるはずだ。相手の立場を認めることは、支配権争いに負けることではなく、寛大の証だ。実際、猫には猫なりの事情があることを受け入れられる人は、自己の器量の大きさを誇りにしているはずである。「猫は冷淡で自分勝手」と言えば、かつては非難になったが、今ではその魅力を表す褒め言葉だ。それと同時に、動物は全面的献身を与えてくれるものではないという現実を、私たちが率直に受け入れた証である。

ジェロームもギャリコも、人間のように、猫に語らせているが、その内容は実に猫らしい感覚にあふれているため、説得力は失っていない。『長靴をはいた猫』を現代風にアレンジしたアンジェラ・カーターも同じく猫を擬人化しているが、こちらは猫に対する客観的な洞察とともに、猫ならどう考えるかと、その心にまで入り込んで書かれている。猫が貧しい男に仕えているのは元の話と同じだが、こちらは自堕落な兵士に仕える従者として描かれ、主人より賢いことをはっきりと自覚している。現代における猫の地位に沿った設定なのだろう。自分の活躍を自らの口で語るが、その見事な散文が彼の知性を表している。また、世知にも長け、建物の種類別登り方などを詳細に分析している。「ロココ建築の入り口なら、天使の像から階段の手すりに移るのは簡単だが、パラディオ式建築のドリス式の柱には何の装飾もないから、よじ登るのは不可能に近い」などと言うのだ。猫は主人と二人分の食事を調達し（市場から盗んでくる）、賭け事の助手をし（メンバーの膝を渡り歩いて持ち札を盗み見したり、不利な目が出そうになったらサイコロにじゃれつくふりをして転がしたりする）、さらには女性を主人と引き合わせることまでする。あるとき、主人は恋をする。その相手は、商人の若妻であり、嫉妬深い夫によって外出を禁じられている。猫は、主人がちゃんと仕事に集中できるよう、恋煩いから目を覚まさせてやろうと思う。そこでなんと、猫としての経験から、彼女と一度関係を持てば、それで満足するだろうと考えるのだ。彼はまず、商人の家のトラ猫と仲良くなる。トラ猫は彼の頼みに従って、家中をネズミの死体（死にかけのものも含む）だらけにする。手に負えなくなった商人は、ネズミの駆除業者を家に呼ぶが、現われたのは、業者を装った主人とその猫だった。こうして二人は夫人の寝室へ入ることに成功し、主人は思いを遂げる。猫はその間、わざと騒々しくネズミ捕りをして、声が漏れないようにしてやる。しかし意外なことに（猫にとってであるが）、その後も主人は彼女に恋焦がれ続けるのだ。ときに猫は、人間と同じように物事が分かっているかのように感じさせることがある。この話の猫があれこれ悪知恵を働かせることも、さもありなんと読者を納得させてしまう説得力がある。[＊6]

この猫と同じくらい才知に長け、深い見識を持つ猫が、夏目漱石［一八六七〜一九一六年］の『吾輩は猫である』（一九〇五年）の主人公だ。この小説は知的階層の気取った生活を風刺しているが、猫の目を通してそれを語らせたことで、その目的が見事に達成されていると言える。「名前はまだない猫」の主人は、二流の中学英語教師、苦沙弥《くしゃみ》先生で、猫は彼にそれなりの愛着を抱いているらしい。「いかに馬鹿でも病気でも主人に変わりはない。一飯君恩《いっぱんくんおん》を重んずと云う詩人もあることだから猫だって主人の身の上を思わないことはあるまい」。先生は毎日書斎にこもるので、家族には勤勉と思われており、自分でもそう思っているらしいが、猫がそっと部屋に入ると、よく読みかけの本の上に涎を垂らしながら昼寝をしている。「吾輩は猫ながら時々考えることがある。教師というものは実に楽なものだ。人間と生れたら教師となるに限る。こんなに寝ていて勤まるものなら猫にでも出来ぬことはないと」。それでも先生は、東西の知的職業人のご多分に漏れず、教師ほど大変な仕事はないと、いつも友人にその重労働ぶりを語るのである。猫の観察によると、人間とはたいていこのようなものらしい。「この閑人《ひまじん》がよると障ると多忙だ多忙だと触れ廻るのみならず、その顔色がいかにも多忙らしい、わるくすると多忙に食い殺されはしまいかと思われるほどこせついている。彼等のあるものは吾輩を見て時々あんなになったら気楽でよかろうなどと云うが、気楽でよければなるが好い。そんなにこせこせしてくれと誰も頼んだ訳でもなかろう」あるとき、実業家の妻が先生のみすぼらしい家に怒鳴り込んでくる。彼女は、夫が何者かを知れば相手は恐れ入るに違いないと考えているのだが、先生はまったく動じない。いくら金持ちであろうと、中学教師に比べれば実業家など何ほどのものでもないと思っているのだ。猫の冷めた語り口によって読者は、両者の肥大した自尊心を、どっちもどっちだと笑うことができるのだ。[*7]

羨やまれる猫

猫の気ままさは、単に許容したり賛美したりするものとしてだけでなく、羨望の対象でもある。今なお、さまざまな制約の中に生きる私たちは、人目を気にして躊躇うこともない猫を見て、あのように振舞えたら……と思う。ロバートソン・デイビス［一九一三〜九五年、カナダの小説家］は、『サムエル・マーチバンクス語録』で次のように語っている。

猫はまったく自己中心的で、責任感など微塵もなく、欲しい物は最小の努力で手に入れるが、これがまさに彼らの最大の魅力だ。互いに協力せよとか、自分がしてもらいたいことを人にもしなさいなどと声高に叫ばれる地にあっても、猫は一切構うことがない。ゆえに人は猫を愛するのである。

サキ［一八七〇～一九一六年、ビルマ生まれのイギリスの短編小説家］の『トバモリー』では、話すことを教え込まれた雄猫が、ホームパーティーに集まった人々の前で、思っていることをそのまましゃべる。人々が思っていてもあえて言わないことや、陰で言っていたことまで猫があけすけに口にしてしまうので、人間のほうは狼狽えるばかり。心にやましいものがなく、堂々としていられるのはこの猫だけなのである。［＊8］

さまざまな柵《しがらみ》の中に暮らす人間と、自由気ままな猫を対比して生まれる自嘲的な笑いを利用した短編もいくつかある。シオドア・スタージョン［一九一八～八五年、アメリカの小説家］の『ふわふわちゃん』の笑いはシニカルだ。主人公の男ランサムは、話の上手さから、絶えず客として誰かの家に呼ばれて暮らしているが、その家の主人のことはいつも馬鹿にしている。ある意味、猫的な人物だ。今滞在しているのも、ちょっとお馬鹿な女性の家だが、彼は女性が溺愛している猫のことが気に食わない。人から厚遇を得るのが自分より上手いと感じるのだ。とはいえ、自己中心的で恩知らず、不誠実で冷徹という点では、両者は似たもの同士。ある日、ランサムがその女性のことをまったくどうしようもない人物だと思っていると、彼女の猫がしゃべり出した。「自分も同感だよ、だから彼女が寝ている間に殺しておいたよ」と言うのだ。そして猫はひらりと身を翻して姿を消す。罪をランサムになすりつけたのだ。魅力だけを武器にして生きられるのは猫だけというわけだ。

ロイ・ヴィカーズ［一八八八〜一九六五年、イギリスの作家］の『猫と老嬢』では、上品な女性ならではの心の抑圧が、猫との一体感によって解放されていく。ミス・ペイズリーは、裕福な生まれだが、今は倹しい暮らしを余儀なくされ、周囲の人々に偉そうにされる日々だ。そんな彼女のもとに猫がやってくる。醜く、図々しい猫だが、やがて彼女は愛着を抱くようになる。猫と暮らしていく中で、ペイズリーは品格のない周囲の人々にも、正面から自己主張をする強さを身につけていく。猫がネズミを捕ってきたときには怯えていたが、そのうち猫と喜びをともにするようにもなる。最後に彼女は、猫を絞め殺した近所の男に復讐するが、そのやり方はまるで猫が乗り移ったかのような手際のよさだった。アン・チャドウィックという作家の『スミス』では、貧乏な前衛作家が、みすぼらしいトラ猫に変身してしまう。人間のときは自分のスタイルに固執して、売れなかったが、猫になると、こだわりから解放され、安っぽいロマンスを次々と生み出し、作家としての成功を得る。自分にも自信を持ち、内面的魅力も増していく。[*9] 私たちも、自分が猫であったらと想像してみると、人間としての務めや、道徳的な抑圧、社会的な圧力からの解放を味わうことができるだろう。

何ものにも縛られることのない猫は、人間の中にある、外からの影響を受けない部分の象徴として表すことがある。ボードレールは、『猫』の中で、「内なる自己」を、「脳の中を我が物顔で闊歩する猫」として表現した。内なる自己とは、社会の影響を受けない、本当の自分のことだ。制御がきかない、社会からの圧力を受けないという点では猫も同じであり、両者はともに詩的想像力の源となる。この、内なる自己と猫との関係について、ジョイス・キャロル・オーツは一九九二年に「猫は一見、人間社会に適応しているように見えて、実は野生的であり、人知の届かない存在である。それゆえに、芸術家の中にある、知られざる、予測不能な、存在の核と言える部分に訴えかける。その部分をして我々は、『想像力』とか『無意識』と呼ぶのである」と述べている。[*10]

猫が、人間と対等か、ときにはそれ以上のものとして描かれることもある。『キャット・リブ：女性作家による猫漫画集』（一九九二年）は、女性と猫を対等に扱おうというコンセプトの本だが、収録された漫画の多くで、その役割関係は逆転している。そのさまはコミカルでありつつ、どこか現実感も漂う。アンドレア・ナタリー［フェミニズム漫画家］の『猫、人間を修理する』では、四匹の猫が外科医になって、女性を手術する。そして、「よし、これで恋人がいなくても泣き言を言わなくなるぞ」と誰かが言う。ロベルタ・グレゴリー

［一九五三年〜、アメリカの漫画家］の作品に出てくるマフィーという猫は、ステレオのスピーカーを引っ掻いたことでずっと怒鳴られるのに辟易して、何か償いをしようと考える。そこでネズミを捕まえてきて、その死体を飼い主の枕元に置いた。こうすれば、飼い主だけへのプレゼントだと分かるだろうと思ったのだ。しかし、作戦は失敗する。それを聞いたマフィーの友達スマッジは「人間ってときどき本当に理解に苦しむよね」と言うのだった。

猫が男性の友人として登場する作品も増えてきている。一九八〇年代以前のグリーティングカードには、どのような年齢層の男性であれ、猫が一緒に載っていることは皆無だった。それが今では、女性の場合と変わらないくらい普通のことになった。ジム・デイビスの漫画『ガーフィールド』では、トラ猫のガーフィールドの親友はジョンという男性だ。それまでの慣習からすると、ありふれた青年とコンビを組ませるなら、当然犬だった。ある日、ジョンが切なげに「独り身も悪くないのかな……」と言いながら帰宅する。次のコマでは、「でもやっぱり欲しいんだよね」と玄関のドアを開ける。それを笑顔で出迎えたガーフィールドは「帰ったときに待ってくれる人」と続ける。

ガーフィールドは楽な生活が好きで、好みがうるさく、すきあらば何か盗って食べてやろうとし、飼い主のジョンも一緒に暮らす純真な犬オーディーも、上手く操る。飼い主は尊敬しなければとか、ちゃんと期待に応えようと思っている様子もない。そういった点では典型的な猫である。二〇〇五年に描かれたものでは、ガーフィールドがにこやかに「人間にとって最良の友を紹介します」と言うと、犬のオーディーが現われる。オーディーは歯を見せて笑い、口からは涎を垂らし、熱意に満ちた様子だ。最後にガーフィールドは一言「僕は人間の最良の友じゃなくてよかったです」と締めくくる。ただ、ガーフィールドはあまりにも人間的すぎて、ほとんどただの男の子だ。クリスマスプレゼントの中身が気になってさっさと開けてしまったり、チョコレートクッキーをむさぼり食ったり、テレビの前に座って、せわしなくチャンネルを変えたりする。実際の猫はもっと落ち着き払って、一つのことをずっとやっていたりするものだ。ガーフィールドは、美化されてはいないものの、擬人化の度合いではルイス・ウェインの可愛らしい猫たちと同じと言える。一方で、

米軍戦車部隊の隊員募集ポスター(1917年)。リトグラフ。猫が男性的な屈強さの象徴として使われた珍しい例。

欲望むき出しの姿は、人間の中の醜い部分を託されるという、動物が担わされた伝統的な役割を持っているとも言える。ただ、中世であれば強欲とか怠惰と言われたようなことを、作者のデイビスは面白がって受け入れているのだ。

　男性が猫を大事にするということは、ガーフィールドの親友ジョンの場合、男性も性役割から次第に解放されつつあることの表れだと解釈してもよいだろう。ただ、ほかの作品では、男らしさにこだわる愛猫家という男性像も見られる。ロバート・A・ハイライン［一九〇七〜八八年、アメリカの作家］の『夏への扉』で語り手となる無骨な個人主義者は、飼っている雄猫が一番の友である。猫の名は審判者《アービター》ペトロニウス［ローマ時代、ネロ皇帝の寵愛を受けた作家の呼び名］、通称ピートで、飼い主以上に男らしい。男の婚約者は油断ならぬ女で、その本性が最初に露わになるのは、ピートへの態度がきっかけだった。彼女はピートのことが嫌いだが、それを見せないように振舞っている。彼女は、ピートを去勢しようと提案する。そのほうが便利だからと言うのだ。男は怒り、それなら自分も去勢してしまおうと言いだす。そうすればもっと自分はおとなしくなって、夜も家にずっといて、彼女と言い争うこともなくなるだろうと皮肉を言うのだった。[*11] この男は猫を、自分と同一視しているだけでなく、自分の中の男性性をすべて投影する対象としている。猫を去勢することは、彼にとっては、自分の男性としてのシンボルを奪われるに等しいことなのだ。ミステリー作家ジョン・D・マクドナルト［一九一六〜八六年、アメリカ］は、トラヴィス・マギーという男らしい人物を主人公した小説シリーズを書いた。最初マクドナルドは、「猫なんぞをペットにするのは女性とゲイくらいのもの」とばかにしていたが、後に、自分が小説家になれたのは猫がいたおかげと述べた。「家族内でも平等が叫ばれる中、たまにしか愛情表現をしない」「決めた行動や習慣を変えようとしない」のは、男性的な自立と規律の現われであり、長期にわたる創作活動には、犬の献身よりもよほど刺激的だったという。[*12]

自制心のある男らしい存在としての猫は、日本では、江戸時代から存在していたようだ。「猫の妙術」[佚斎《いっさい》樗山《ちょざん》による談義本『田舎荘子』の中の一編]にそれが表れている。ある侍が、昼夜を問わず家を荒らす大ネズミに悩まされていた。飼っている猫もそのネズミの前では怯

江戸時代の浮世絵師、喜多川歌麿[1753〜1806年]は猫を主題に、夢見る姿を描いた。

えて逃げるばかりで、近所中の腕利きの猫を集めてきても同じことだった。侍は自ら手を下そうと刀を振るも、ネズミは彼の刀を難なくすり抜けていった。ついに彼は、ネズミ捕りの名手とされる老猫を呼ぶことになった。老猫は、見た目はいたって普通の猫で、現われた大ネズミにからかわれても座ってくつろいだまま、意に介した様子もない。猫はそれからどっこいしょと立ち上がると、ゆっくりとネズミの首に噛みつき、殺してしまった。感心した侍とほかの猫たちに請われて、老猫は秘訣を、がむしゃらに取ろうとするものではなく、時間をかけ、相手をしっかり研究することだと言った。そして相手の警戒心が解けたら、すばやく跳びかかって仕留めると語るのだった。[*13]

村上春樹の小説では、猫はモデルではなく、心和むペットとして登場する。その親密ぶりは、「人間の最良の友」としての役割を完全に果たしていると言ってよいくらいだ。『ねじまき鳥クロニクル』では、主人公、岡田亨の平穏な生活は、猫の失踪をきっかけとして破綻していき、猫が帰ってくるとまた元通りに戻っていく。彼はさまざまな女性と出会い、奇妙な性関係を結んでいくが、どれも彼にとっては、猫を撫でることで得られるような喜びをもたらしてくれるものではない。「身の回りでいろんなことが立て続けに怒ったせいで、正直なところ、猫がいなくなったことをろくすっぽ思い出しもしなかった。でもこうして膝の上に、この小さくて柔らかい生き物を抱いていると、そしてその生き物が僕を信頼しきったように熟睡しているのを見ると、胸が熱くなった」。次の日の夜も、家に帰ってくると彼は、膝の上に猫を抱き上げ、その存在を確認するのだった。[*14]

『海辺のカフカ』の主人公、家出をした一五歳の少年田村カフカは、猫を見ると自然と足が止まる。彼が撫でると、猫は目を細め、喉をごろごろと鳴らすのだった。脳に障害がある老人ナカタさん（カフカの分身とも考えられる）が、小説中ではじめて登場するのは、猫とごく普通に会話をしている場面である。ナカタさんがこの能力を身につけたのは、字を読むことをはじめとした学習能力を失ったときからだった。彼のことを理解できる友人は猫しかおらず、彼は猫となら話題に事欠くことはない。彼の職業である迷い猫探しにも、猫たちは協力してくれる。ナカタさんは丁重に敬意をもって猫と接し、また、猫のほうも、ナカタさんのことを自分たちと話ができるのだから、人々が言うほど愚かな人間だとは思えない。ナカタさんはどんな猫とも分け隔てなく接する。野良の縞猫カワムラさん（同じく脳に障害がある）から、洗練されたシャムネコのミミ（オペラ好きの飼い主がプッチーニの『ラ・ボエーム』のヒロインにちなんで名づけた）まで、実にさまざまな猫と話をする。ナカタさんは、野良猫には人間の苗字のような名前をつけていくのだが、それについて、名前があるとものを覚えておくのに何かと便利で、日付についても同じだといった説明をする。オオツカさんと名づけられた年配の黒い雄猫は「よくわからないな。猫にはそんなの必要ない。匂いとかかたちとか、ただあるものを受け入れればいいだけだ。それでとくに不自由ないね」と言う。猫にもナカタさんにも、相手にどう思われるだろうとか、相手をこうしてやろうとかいった人間的な思考はないにもかかわらず、こうした会話は実に自然だ。猫のほうも実に猫らしい。よそよそしく、冷淡で、取り繕うようなところがない。また、特に嫌な思いをさせられたことがない限り、人間に対して好意的だ。ぺらぺらしゃべるのは非現実的でも、猫の存在によって、村上春樹特有の超現実的な世界や、奇想天外な人間たちが、かえってリアリティーを得ているとも言えるだろう。[*15]

人間と平等になった猫

古くは無害なだけのものから、可愛い子供としての猫、そして最近ではわけ知り顔のインテリ風まで、ステレオタイプ的な猫像はいまだあるものの、今では、猫をありのままに理解し尊重しようとする人が増えている。その結果、実録にせよ、リアリズム小説にせよ、猫の個性が分析されたり、猫が人間と平等な友好関係を持ったりするものとして表現されるようになった。マイケル・ローゼン［一九六四年〜、アメリカの作家］が一九九二年に編集した『猫好きに捧げるショート・ストーリーズ』に収められた多数の二〇世紀の作品には、猫といるときが最も心地良いという人物たちが登場する。だからといって、そのような人々に批判の目は向けられていない。

ヴィクトリア朝時代には、猫に女性の名がよくつけられ、丁重に扱われたが、ペットはあくまでペットであり、あまり愛着を持つとその人は蔑まれていた。二〇世紀になると、文学に登場する猫は、飼い主の庇護の下にあるものとしてではなく、その人物の性格や、置かれた状況を強調する役割を持つようになる。ラドクリフ・ホール［一八八〇〜一九四三年、イギリスの詩人、小説家］の『フロイライン・シュバルツ』（一九三四年）や、ドリス・レッシング［一九一九年〜イギリスの作家］の『老女と猫』（一九七二年）では、社会の隅に追いやられた貧しい女性と猫という伝統的な組み合わせを踏襲しつつ、両者が同じ性質を共有し、そのため同じ境遇に陥るという新たな視点が示されている。

『フロイライン・シュバルツ』に登場する同名の主人公は、ロンドンの下宿屋に住む孤独で穏やかなドイツ人女性だ。彼女は野良猫を拾って、あらん限りの愛情を注いでいた。第一次世界大戦が勃発し、彼女は隣人たちから敵国人として疎まれるようになった。そして、彼女の猫が敵意のはけ口として毒殺されてしまうのである。猫もフロイラインも、何の罪もなく、誰にも害を与えていないにもかかわらず、世間の悪意の前にはなす術がないという点においてまったく同じだ。

ドリス・レッシングの小説に登場する女性ヘティは、老人ホームであれこれ規制された生活をするよりは、路上でぼろ布を売って生活するほうを選んだ。彼女が唯一の友人として大切にするのは、みすぼらしい一匹の雄猫だ。清潔さや世間体、秩序といったものに無関心である点で両者は共通している。決して立派とは言えないが、読者の同情が彼女たちに向くように描かれる。ヘティは取締りから逃れようとしている間に、野ざらしで死んでしまう。猫は捕らえられ、眠らされてしまう。望ましくないものを社会が追放した格好だが、社会に馴染まないものでも、なんとかするほかの方法があったはずだという読後感が残る。丸腰のまま人々の共通の敵となったフロイライン、圧力にあくまで屈しないヘティ、どちらの物語も不寛容な社会の犠牲になる人物の存在を強調し、リアリティーを持たせるために猫が使われているのだ。[*16]

メイ・サートン［一九一二～九五年、イギリスの詩人、小説家。出身はベルギー］は、『猫の紳士の物語』で、自身の飼い猫トム・ジョーンズが、人間と仲良くなるまでの半生を、猫の視点を交えながら描いた。また、トムと、二人の飼い主（サートンは友人女性と同居していた）との関係も描き、実話の要素も加えている。人間を信用しない野良猫だったトム・ジョーンズは、最後には、人間に身を預けるようになる。人にも猫にも同じように威厳を持って挨拶はする一方で、人間の膝に乗っけてもらおうと、家中を走り回る一面もあったのだった。トムは自分を「毛皮の人」、つまり「人間でもある猫」と認識するようになる。そして、彼は愛されるだけではなく、自らも人間を愛するようになった。[*17]

現在、動物は人間と同等に近い存在と見なされ、感じていることや求めていることを尊重すべきものとして扱うようになった。その際にも、わざわざ彼らを擬人化して語る必要はなくなった。一七世紀フランスの貴族たちは、自分の猫の名を借りて恋文を書くことがあったが、そのとき、猫だったらどう思うかなどと真剣に考えたりはせず、ただ、自分たちの感情を猫の口を借りて語ればよかった。猫が猫らしくない言葉を発するほど、書き手の機知が引き立つというわけだ。それから二世紀を経て出された、ルイーズ・パティソン［一八五三～一九二二年、スイス出身、アメリカの作家］の『ニャオという名の猫—ある猫の自伝』（一九〇一年）は、猫の待遇を向上させ、捨てられる猫がいなくなるよう啓発する意図をもって書かれている。しかし、そのためにパティソンが用いた手段は、事実上、猫を犬化してしまうことだった。例えば、名前をつけることが大切なのは良いとしても、その目的は「猫に自尊心を持たせること」であり、「呼ばれたらすぐに反応する従順さを育てるため」だという。主人公の雌猫が「人の役に立つ善良な猫になる」という犬的な望みを持つことに加え、性的に無知である（一九世紀の典型的な女性像でもある）という設定がつくられている。[*18]

一九七三年に書かれたベバリー・クリアリー［一九一六年～、アメリカの作家］の『ソックス—売られていった子ネコ—』では、完全に猫の立場に寄り添って、一家に赤ん坊が生まれたときに猫が抱く敵意を率直に描き出している。猫のソックスは、飼い主の愛情が赤ん坊に移ってしまったことに嫉妬を覚える。唯一の慰めは、ミルクのおこぼれに預かれることだ。空腹の自分をそっちのけで、赤ん坊のためのことばかりする家族の注意を引こうと、いたずらをしたり、噛みついたりして、外へつまみ出されたこともある。しかし、最終的にソックスは、いたずらをするようになった赤ん坊の遊び相手として、自らも楽しみ、一緒のベッドで寝るようになる。自分のことばかり考えるのをやめて、良いお兄ちゃんになっていくという、一九世紀的な説教くささが透けて見える話になっている。しかし、猫の気持ちを描写しつつも、それが決して非現実的になることはないという点で、この作品は信頼に足るものと言えるだろう。

ロバート・ウェストール［一九二九〜九三年、イギリスの作家］は、『猫の帰還』で、猫の意識を通して第二次世界大戦中のイギリスを見事に描き出した。疎開先の家が気に入らない雌猫ロード・ゴートが、懐かしい家を求めて旅に出る。主人が出征中であることなど、猫は知る由もない。

ほんとのところ、猫が何を考えて家を出てきたのか、正確に理解するのはむずかしい。だが、ロード・ゴートはいつだって、自分のやりたいとおりにやってきた。ロード・ゴートは、どなり声や喧嘩が嫌いだった。何かというと泣いたり、かんしゃくを起こしたりする女と子どもばかりの、ベミンスターの慣れない家が気に入らなかった。（中略）それに、家族が、もうゆっくりと自分を撫でたり、じゃらしたりしてくれるひまもないらしいのが気に入らなかった。（中略）ロード・ゴートは、くつろいで暮らせた場所に帰ろうとしていた。だれにもじゃまされずに、陽のあたる絹のベッドカバーの上で眠ってすごした、長い昼下がり。台所に行けば、いつだって新鮮な魚とミルクをもらえた。[*19]

戦下に生きるさまざまな人間に出会いながら、イギリスを横断して家に帰る彼女の旅に、読者は強く引きつけられ、無事と成功を祈らずにいられない。猫への感情移入を導く書き方であるが、かと言って猫が美化されることはない。猫が辛うじて心を開く人間は、よく知っていて、しかも自分と似たものを感じさせる者だけだ。また、ロード・ゴートは、出会う人々皆にとって助けになるが、ウェストールは現実にあり得ない設定をしたり、猫らしからぬ利他心を描いたりはしない。物語は、最後に実に皮肉な結末を迎える。ロード・ゴートの旅が成功したかに思えたのも束の間、それまでの努力は台無しになる。ヨーロッパ大陸で再会した懐かしい主人は、狂犬病予防の規則に従い、ロード・ゴートをためらわず殺すのである。彼女が、望みを叶えるためにしてきた努力を打ち砕く結末は、静かながらも、人間に対する痛烈な批判となっている。動物に対して、理解が進んだとはいえ、人間はまだ無情に振舞うことを止めないのだ。猫の意識を表現するウェストールの筆により、読者は、猫には猫なりの気持ちと、それなりの権利があるはずだと思わされるのだった。

6章

矛盾こそ魅力

猫を伴侶として大切に扱う考え方は、一七世紀後半、いわば貴族の間での流行として登場したものだったが、今では階層にかかわらず、当たり前のこととして捉えられている。もちろん異論はある。なぜ犬でなく、わざわざ猫を飼うのか理解できないという愛犬家もいれば、猫は鳥を殺すから、血に飢えた残忍な動物だと敵意を露わにする愛鳥家もいる。このような人たちは、猫に殺される鳥の数を実際以上に多く見ていたり、そもそもほかの生き物を捕って食べるのは、自然の摂理であるということを忘れていたりする。猫に食べられるならネズミは鳥以上に被害にあっているが、可哀想なことに同情されることはない。今でも、ネズミ対策に特化して、農家で飼われている猫もいる。そのような場合、猫はペットというより労働力と捉えられることが多い。

しかし現在、猫が実用的に用いられるのは、主

鳥に興味を示す猫が描かれた『猫とゴシキヒワ』(19世紀初頭)。

に実験動物としてだ。安価で入手しやすい動物であるという点は、昔とまったく変わっていない。特に、一八八一年にセント・ジョージ・マイヴァートが『脊椎動物研究への序論—特に哺乳類について』を出版して以来、解剖の授業で猫が使われることは、一般的になっている。研究内容によっては、生きた猫を使うこともある。ネズミより大きくて使いやすいうえ、犬より飼うのに手間がかからないからだ。クリスティナ・ナーフストロム[一九四八年〜、アメリカ。出身はスウェーデン]という医学者によると、「犬は毎日散歩をしないといけないが、猫はそれなりに広いスペースと、遊び仲間、遊び道具さえあれば満足する」そうだ。ただ犬と同じく、人間に馴れさせる必要はあるので、学生を使って猫たちと遊ばせているという。

猫を使った実験が、猫自身の役に立っている場合もある。猫の病気の診断法や手術法の向上、糖尿病や関節炎といった病気の治療法や、ワクチンの開発などだ。野生のネコ科動物の中には、数が激減している種もあり（不妊や近親交配によってさらに状況は悪化しつつある）、その保護活動にも利用されている。ワシントンにある国立動物園の研究グループは、イエネコの卵母細胞［卵巣における分裂の一種で、二回の分裂を行う前のそれぞれの細胞］を使った画期的な繁殖法を開発している。培養した卵細胞を液体窒素で凍らせ、数年後に解凍して人工授精を施し、別の猫の子宮に着床させるのだ。この方法が確立されれば、チーターなどの野生種の繁殖にも応用できると期待されている。この研究は避妊手術で切除した検体を病院から入手している点でも人道的と言える。

しかし、猫を使った実験のほとんどは、人間のために行われている。解剖学や人間の疾病治療の発展に猫は大きく貢献してきた。これまでノーベル医学・生理学賞を受賞した研究の中には、猫を使って人間の神経系のはたらきを明らかにしたものもある。一九八一年に共同で受賞したデーヴィッド・H・ヒューベル［一九二六〜二〇一三年、カナダ出身のアメリカの神経生理学者］とトルステン・N・ウィーセル［一九二四年〜、スウェーデンの神経科学者］の研究は、網膜中の光を受容する細胞から、脳（一次視覚野）へ至る複雑な情報伝達回路を特定した。斜視の治療法の発見につながった研究だ。さらに二人は、発達段階の重要な時期に視覚刺激を受けないと、この回路が発達せず、視覚に障害が残ることを、猫でも人間でも確認している。前出のクリスティナ・ナーフストロムは、アビシニアン［世界最古のイエネコの品種。短毛で、一本の毛が二、三色に分かれている〕を使って、網膜移植や幹細胞〔分化と増殖の両方の能力を備えた細胞〕治療の有効性を調査している。アビシニアンには、遺伝的に光受容体に異常が出ることがあり、これが人間の網膜疾患によく似ているのだ。このように視覚系の研究には、猫がよく用いられている。猫の視覚が二焦点で人間と類似していること、眼球の大きさが人間とほぼ同じであることがその理由だ。眼科手術の技術と器具の発達には、猫が大きく関わってきた。研究者が蓄積した猫に関する膨大なデータベースは、人間の神経回路を明らかにしてくれる貴重な資料となっているのだ。

猫には後天的に発症する免疫不全があり、これも人間がかかるものとよく似ているため、その発生から進行、治療法まで、猫をモデルに研究することが可能だ。ネコ免疫不全症候群ウィルス（ＦＩＶ）と、人間のエイズウィルス（ＨＩＶ）が類似しているのだ。このため、ＦＩＶのはたらきを調べることは、ＨＩＶの研究にも役立つ。また、ネコの免疫システムを明らかにすることで、エイズの発症を抑制できるようになるのではないかと期待されている。人為的に感染させて観察を行うという、人間に対しては行えない実験も可能なのだ。どのように感染し、感染後どれくらいの期間に、どのような症状が現われるのか、条件別に詳細な記録をとっていく。猫は繁殖サイクルが短いため、親から子に感染した場合の研究も行いやすい。また別の研究では、誕生時の猫、誕生八週目の猫、成体の猫にそれぞれＦＩＶを注入し、免疫不全がどう発症していくか、神経機能にはどう障害が出るかを、比較して調査している。[*1]

実験で動物が苦痛を感じたとしても、それによって人間の命を助けることになったり、有効な知見を与えてくれたりするのであれば、正当化され得るが、不幸なことに、そうでない実験も存在している。一九五四年にエール大学で行われた実験は、猫を繰り返し高熱にさらすというものだった。猫は何度も痙攣《けいれん》を起こしたが、そのことから導き出された結論は、ただ、「猫が高熱にさらされたときの反応は人間の場合と同じ」であり、また、「子猫で行われた実験の結果とも一致した」ということに過ぎなかった。一九七二年には、ブラウン大学の研究グループが、雄猫の睾丸を圧迫したら、人間の男性と同じ反応をするかという実験を行い、「苦痛に似た反応を示した」という当たり前の結果を得たという。同年、フロリダ州立大学の二人の研究者が、「猫は行動学的な研究には向かないとされてきたが、実験方法を工夫すれば、知覚に関する実験動物として、興味深いものであることを実証した」と発表した。その結論を得るための実験は、猫が抵抗できないようにしたうえで、餌を与えなかったり、電気ショックを与えたりする酷いものだった。[*2] 動物実験は、どこまでが正当なのか、どこからが正当化できないのか、決めるのは実験者自身なのが現状だ。これが変わらない限り、このような実験はこれからも行われていくだろう。

一方で、大衆の間では、ペット愛好家が増え、動物の権利を守る声も高まっている。犬や猫を使った実験に反対する運動も、活発に行われている。一九世紀、デカルト信奉者であるクロード・ベルナール［一八一三〜七八年、フランスの生理学者］は、何のためらいもなく犬や猫を解剖した。叫んだりもがいたりしても、所詮は機械と同じだというのだ。仮に苦痛を感じていたとしても、科学の進歩の前ではちっぽけなことで、そんなことを気にするのは、ばかげたセンチメンタリズムだというのが彼の主張だった。現在の研究者たちの間では、無駄に多くの動物を実験に使うべきではなく、ほかのもので代用できるなら、そうするべきだというのが共通認識になっている。やむを得ず動物を使う際も、実験の目的を果たせる範囲内で、できるだけ人道的に扱おうとしている。犬や猫が実験に使われる例は、着実に減っており、両者を併せても、アメリカとイギリスで実験用に使われる動物の〇・五パーセント以下を占めるに過ぎない。

人気者としての地位を得た猫

長い歴史を経て、猫は現在、ペットを飼うとなると真っ先に挙げられる動物として、犬と並ぶ地位を得た。一九八〇年のイギリスの統計では、飼い猫の数は飼い犬の半分以下だった。それが一九九五年には四〇万匹差で、猫が犬を追い抜いた。二〇〇二年の統計によると、飼い猫は七五〇万匹、飼い犬は六一〇万匹いるという。アメリカで見てみると、一九八一年には犬が五三八三万匹で、猫が四四五八万匹だったのが、二〇〇三年には猫が七八〇四万匹まで増えたのに対し、犬は六一二八万匹にとどまっている。[*3] これにはもちろん、マンションの小さな部屋で飼うのに、猫のほうが適しているという現実的な事情もある。一日中留守にしていても、猫なら特に問題ないことも関係している。しかしそれ以上に、猫が家族の一員として愛されるようになったことが、やはり理由として大きいだろう。

現代の愛猫家は、猫を選んだことに、あれこれ言い訳をする必要はない。それどころか、猫好きであることはむしろ自慢の種になっている。高名な歴史家A・L・ラウス［一九〇三～九七年、イギリス］が、自身と猫とのやり取りを、本にしているほどだ。愛猫ピーターはスポンジケーキのくずが好きだとか、自分は赤ちゃんに対するようにピーターに話しかけているといった、日々の様子を事細かに書き連ねている。猫に興味があるふりをして、自分に言い寄ってきた女性がいて困ったという話もある。「そのような女性たちは、私のことを、猫と女性なら、当然女性のほうを選ぶだろうとでも思っているらしかった」という。[*4] クリーブランド・エイモリー［一九〇七～九八年、アメリカの著述家、動物保護運動家］は、自身の飼い猫ポーラーベア（シロクマという意味）を題材に書いた三冊『ニューヨーク・猫物語』（一九八七年）、『つむじ曲りな猫物語』（一九九〇年）、『史上最高の猫の物語』（一九九三年）を書き、どれもベストセラーになっている。ポーラーベアとのさまざまな楽しいエピソードに加えて、猫はどのように名づけるのがいいかとか、星座だったらポーラーベアには何座がふさわしいだろうかなど、気ままな能書きが満載だ。ポーラーベアは猫らしく一筋縄ではいかないが、そのような面にこそ作者の愛情が注がれている。心ある人ならば、その可愛らしさに惹かれない人はいないだろう。

猫について特化して書かれた最初の本は、フランソワ＝オーギュスタン・パラディ・ド・モンクリフ［一六八七～一七七〇年、フランスの作家］の『猫の歴史』（一七二七年）だ。まじめな研究と啓蒙が半分、あとは遊び半分で書かれたもので、エジプトでの猫崇拝の話を取り上げ、猫は魔女と結託した反社会的で油断ならない生き物だとする当時の風潮に反し、毅然としつつも、遊ぶ姿は可愛らしく、姿形も優美だと猫を賛美した。とはいえ、そのようなことを書くにあたっては、馬鹿なことを書くやつだと非難されるのは避けた。わざと滑稽な論を展開したり、猫の声を音楽的だと評したり、雄猫をギリシャ神話の男神に仕立てて悲劇の物語をでっちあげたりした。それでも、彼の張った予防線はあまり効かなかったらしい。本は人気を得たものの、猫をただ役に立つだけの取るに足りないものとする時代では、物書きとして、人としての彼の評判を危ういものにしてしまったのだった。

軽い気持ちで書いた本によって生涯、剥がすことのできないレッテルを貼られてしまったモンクリフに対し、シャンフルーリ［一八二一～八九年、フランスの作家　本名ジュール・フソン］の書いた『猫』は、かなりの評判になった。まじめに書かれてはいるが、内容に乏しく、そこまでの評価に値するようなものではないものなので、時宜を得た作品だったとしか言いようがない。その頃イギリスでは、チャールズ・ヘンリー・ロスがかなりの批判を覚悟して『猫の本』を出版したが、結果、本は熱狂的に受け入れられた。

現在は、タイトルに「猫」とあるだけでどんな本でも売れるくらいだ。『ユダヤ猫の本』や『猫のためのフランス語』というのもあれば、猫の性格を星座で占う本もある。リリアン・ジャクソン・ブラウン［一九一三～二〇一一年、アメリカ］は、『猫は手がかりを読む』『猫はソファをかじる』など、同じパターンのタイトルの本をたくさん書いて人気を得た。主人公はいかにも男らしい探偵だが、二匹のシャムネコを溺愛するという一面もある。小説中ではその可愛いらしい仕草が詳細に、長々と語られる。スティーブン・セイラー［一九五六年～、アメリカ］の古代ローマを舞台にした『ローマ人としての血』の探偵の家にも猫がいるが、これは彼が所有するエジプト人奴隷の猫である。日本でも、探偵小説に猫がよく登場する。仁木悦子［一九二八～八六年］の『猫は知っていた』（一九五七年）や、赤川次郎［一九四八年～］の『三毛猫ホームズの推理』（一九七八年）にはじまる「三毛猫ホームズ」シリーズなどである。

文学以外でも、猫人気はさまざまな形で現われている。元アメリカ大統領ビル・クリントン家のソックス以前にも、ホワイトハウスで飼われていた猫はいたが、マスコミで盛んに取り上げられるようなことはなかった。ソックスは時事漫画にも頻繁に描かれ、『ワシントン・ポスト』紙の「著名人動静」の欄でもよく取り上げられた。

一九八一年には、T・S・エリオット［一八八八～一九六五年、イギリスの詩人、批評家］の詩

1994年12月8日の『ワシントン・ポスト』紙に掲載された漫画。政治的危機に瀕したクリントン大統領は、ついには猫にも見放されてしまった。

アンドリュー・ロイド・ウェバー［1948年〜、イギリスの作曲家］のミュージカル『キャッツ』(1981年)の一場面。

集をもとにつくられたミュージカルが、『キャッツ』のタイトルでセンセーショナルな成功を収めた。特にストーリーがあるわけではなく、いろいろな猫が舞台上で歌ったり踊ったりと、縦横無尽に動きまわる。この詩集はもともと、エリオットが友人の子どものために軽い気持ちで書いたものだった。

ジム・デイビスが描く太っちょの猫ガーフィールドは、日々、一三〇〇もの新聞に登場していた［アメリカには数千の新聞社があり、連載漫画は、共同の通信社を通じて複数の新聞に掲載される］。また、キャラクターとして本やTシャツ、マグカップなどさまざまなものに使われ、数億円規模の一大産業となった。『ワシントン・ポスト』紙の漫画欄には、犬と猫がいる家

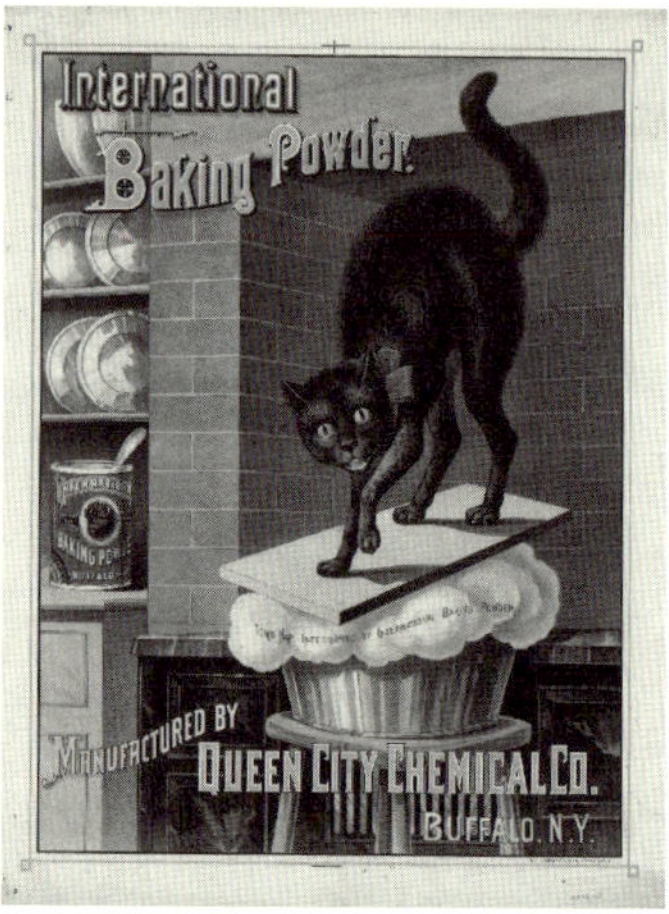

新聞や本だけでなく、さまざまな広告で猫が使われた。猫を持ち上げるほど膨むことをアピールするベーキングパウダーの広告（1885年頃）。

庭を舞台にしたものがよく連載されているが、どの漫画もたいていは猫のほうが賢く、優位に立っている。同紙のほかの漫画でも、猫が登場することがある。たとえば『フォー・ベター・オア・ワース』では、成長した娘が猫を引き取っており、里帰りした際に実家の犬に紹介する。『ビッグ・ネイト』の主人公ネイトはひねくれ者で、友達の猫を馬鹿にするが、結局は自身が笑いものになる場面が何度も出てくる。

銀幕のスターになった猫

映画には、猫は当初からよく登場していた。機知に富んだ少年猫『フィリックス・ザ・キャット』は、アニメ映画の最初のヒーローとして一九一四年に世に出た。しかし後に、ウォルト・ディズニー［一九〇一～六六年、アメリカ］のミッキーマウスによって、彼は主役の座を奪われることになる。以降、アニメ映画では、猫は敵役として定着していく。一九三〇、四〇年代にハンナ・バーベラ［一九一〇～二〇〇一年、アメリカ］が描いた『トムとジェリー』では、ネズミのジェリーが知恵を駆使して、大きな猫トムをやっつける。トムがぺしゃんこになったり、歯がぼろぼろになったりして一話が終わるのがお決まりのパターンだ。しかし、一九七〇年公開のディズニー映画『おしゃれキャット』では、猫が再び主役として登場する。白く美しい母猫が、子猫たちを連れて意地悪な執事のもとから逃げ、た

「猫はゴロゴロ、車はブルンブルンとご機嫌です」がキャッチフレーズのエチルガソリンの広告(1929～31年)。

「猫のように眠ってください。チェサピーク・アンド・オハイオ鉄道」猫のチェシーは、1933年から長年にわたって寝台車の広告塔となった。

くましい雄猫オマリーに救われるのである。二〇〇四年の『シュレック2』では、長靴をはいた猫が登場する。その魅力的な姿には、有名なオリジナルの物語に負けないような続編をつくろうというスタッフの気概が表れていると言えるだろう。

猫は思い通りに動いてはくれないので、実写映画には向かないが、それでも可能な範囲内で出演させられてきた。マック・セネット［一八八〇〜一九六〇年、アメリカの映画プロデューサー。チャップリンをはじめて映画に出演させた］の喜劇映画の撮影中、壊れた床板の隙間から野良猫が入ってきて、映画のセットに上っていった。そのとき監督は、猫を撮ればきっと映画が引き立つだろうと考えた。そこで、女優がコーヒーにクリームを入れる場面で、わざと少しこぼすようにさせてみた。猫は慎重にそのにおいを嗅いでから、前足でミルクを触ったのである。このシーンは大評判となり、ペッパーという名のその猫は、ほかにも多くの映画で売り物にされた。白いネズミと仲良くする場面もあった。その後も、猫はさまざまな映画に使われ、彩りを与えてきた。『ベッドかざりとほうき』（一九七一年）や『ベルと本と蝋燭』（一九五八年）では、魔女の使いとして、『ティファニーで朝食を』（一九六一年）では、自由奔放に生きる女性の親友として登場した。『エイリアン』（一九七九年）では、宇宙船の指揮官とともに、勇敢に危機を乗り越えた。猫が野球チームを引き継ぐ『ルバーブ』（一九五一年）のように、ファンタジー喜劇の主人公になったこともある。しかし、どのような役であろうと、映画監督は、猫本来の自然な仕草—その辺をうろうろしたり、敵を威嚇したり、人間に抱かれて丸くなったり――を最大限に利用しようと努めるものだ。でっぷりとした茶色の雄猫オランジーは、俳優猫として『ルバーブ』と『ティファニーで朝食を』で、動物のオスカー賞にあたるパッツィ賞を二度受賞した。彼がしたことと言えば、抱き上げられること、人の肩に飛び乗ったり降りたりすること、高い棚の上にたたずむこと、動いているものをじっと目で追うことといった、猫としていたって普通のことばかりだ。

一方で、猫の自然なたたずまいが映画に決定的な効果を与えていることもある。『ゴッドファーザー』(一九七二年)で、マーロン・ブランドが長々と猫を撫でているシーンは、その静けさゆえに、かえって彼のただならぬオーラを引き立てている。男と猫が平然とそこにいることで、目の前の者たちに対して、圧倒的な優位にいることを印象づけている。『縮みゆく人間』(一九五七年)には、猫を使ったスリリングな場面がでてくる。身長が五センチほどになってしまった主人公が、家の飼い猫に後をつけられるのである(撮影時には、ぎりぎり届かない距離で猫に鳥を見せ、それを追いかけさせたという)。しかし、一般には猫を使ったホラーものは、あまり成功しているとは言えない。『ペット・セメタリー』(一九八九年)では、死んで埋められたはずの猫チャーチルが蘇るが、その姿はただ不快なだけだ。

『ストレイ・ドッグ』(一九九七年)では、悪い雄猫が猫の一団を率いて人間を殺しにか

映画『ゴッドファーザー』（1972年）より。猫を抱くマーロン・ブランド。

映画『縮みゆく人間』（1957年）より。主人公は身長が5センチくらいになり、おもちゃの家で暮らす。飼い猫は今や脅威の肉食獣である。

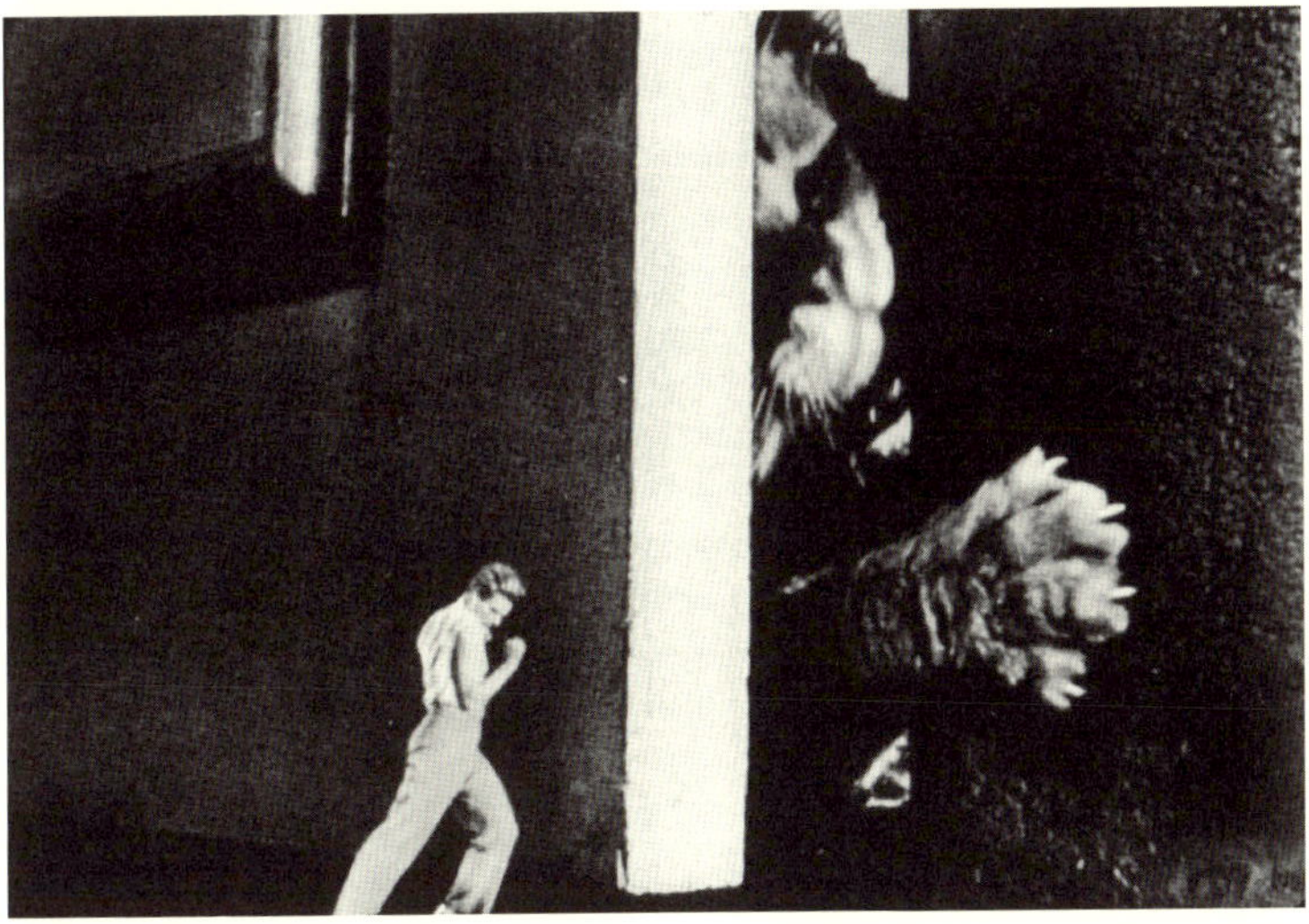

かるが、その行動はいかにも嘘くさい。猫本来の恐ろしさは、忍び足で近寄って、一瞬で仕留めるスタイルにあるはずだが、残念ながらここでは、そのような本来あるべき姿では登場していない。

人間はなぜ猫に惹かれるのか

大衆文化を見ても、人間とのかかわりの面を見ても、猫がかつてないほど広く愛され、親しみを持たれているのは事実だが、それは猫がただ単純に可愛いからではない。猫が自己矛盾とも見える意外な側面をいつも見せてくれるからこそ、私たちは彼らに惹かれる。柔和な猫でも、いつ小さなトラに変身するか分からない。ソファでくつろいでいるときは、何の企みもなさそうだが、小さな生き物が現われると、突然ぱっと動き出す。その研ぎ澄まされた感覚と、動きの俊敏さは、まさに野生のネコ科動物が狩りをする姿そのものだ。危険を感じたときには、恐ろしい形相に一変する。毛を逆立て、牙を剥き、鋭い爪のついた四肢を激しく動かして戦うのだ。『シュレック2』に出てくる長靴をはいた猫は、このような変化を見事に映像化している。ペローによるオリジナルの物語『長靴をはいた猫』で、猫が鬼退治をすることに倣って、映画でも怪物シュレックを退治するために猫が差し向けられる。猫はこれみよがしに威嚇のポーズを見せるのだが、戦う必要はないと分かるやい

母猫と子猫がくつろいで眠る姿が描かれたテオフィル＝アレクサンドル・スタンランによるスケッチ。

なや、つぶらな瞳で相手を見つめて、取り入ろうとするのだ。その目は濡れて輝き、信頼に満ちており、これにあらがえるものは誰もいないだろう。
臨戦態勢に入った猫は恐ろしいものだが、くつろいでいる猫は私たちの心を癒してくれるものだ。もちろん、猫にとっての心の平静がどんなものなのか、人間には分かりようがない。しかし、その様子をじっと見つめることで、少なくとも感じることはできる。イギリスの詩人クリストファー・スマートが愛猫ジェフリーを見て書いた言葉がある。「動いているときのジェフリーほど爽快なものはない」「くつろいでいるときのジェフリーほど愛らしいものはない」[*5]
猫が元気に走り回っていると私たちは元気を与えられるし、猫がくつろいでいると私たちも心の平静を得る。その点で、ジョアンナ・ベイリー［一七六二～一八五一年、イギリスの詩人、劇作家］が述べたことは的を射ているだろう。「猫には野生的な獰猛さがあるが、それは一種の真似ごとのようなもので、常に優美さを損なうことはない。そしてその姿は、疲れた農夫から学者まで、何人をも魅了してやまない」というのである。[*6]

宮廷に華を添えるために生まれてきたような優美な猫でも、穴蔵や塀の上をうろうろしていれば、ちゃんと猫らしく様になっているものだ。厳かな静けさも、小動物を殺したり魚を盗んだりするときの小賢しさも、どちらも正しい猫の姿だ。

私たちは、猫の静かで美しい面ばかりに気をとられるあまり、猫が人間よりも上品で潔癖であるかのように思ってしまうことがある。そのため、コレットの小説『牝猫』に出てくるアランのように、女性より猫が好きな自分の美意識を誇りにするような人物も出てくるのだ。もっともコレット自身も、人間の感覚で猫の気持ちを解釈するという誤りを犯した点では一緒だ。コレットは「シーシャ」という名のペルシャ猫を、大事に大事に飼っていた。あるとき、田舎町の家へ一緒に行ったら、シーシャがいなくなってしまった。その町には肉体労働者がたくさんいるため、彼女は、シーシャは男たちが怖くて逃げ出してしまったに違いないと考えた。そんなある日、ふと気づくと、汚れた格好で昼食を食べている男たちの輪の中にシーシャがいるではないか。

あの野卑な笑い声と罵声のど真ん中に、尻尾をぴんと立てて、ヒゲをちょっと曲げて、楽しそうにくつろいでいるのは、シーシャだ。あの高貴なシーシャが、チーズの外皮や、油臭いベーコンやソーセージの皮をたらふく食べさせてもらって、うれしそうに喉を鳴らし、自分の尻尾を追いかけ、土方の男たちと仲良くしている。[*7]

猫がお行儀よくしていると、ワンワンと騒がしい犬よりもずっと静かでちゃんとした動物のように思われる。しかし実際は、人間が決めたルールにはまったく関心がなく、人間も犬も入り込むことができない世界で自由を謳歌している。ときどきその世界から降りてきて、愛想よく可愛いらしい仕草で私たちとつき合ってくれるが、そうかと思うとまた人知の及ばぬ領域へと戻っていく。同じ家に住み、一緒に過ごし一緒にくつろいでも、猫はもとの野生を決して失うことはない。それがほかの身近な動物とは異なるところだ。

マイケル・ハンバーガー［一九二四〜二〇〇七年、イギリスの詩人、批評家］が、ペットの「繊細にして大胆な都会猫」のことを書いたとき、彼は「猫がさまざまな家具の間をうろつきまわるのを見ていると、アパートの一室が木の密生したジャングルであるかのように思ってしまう」と言っている。[*8]

猫は私たちの身近にいながらも、よそよそしく遠い存在でもある。このことも含め、猫はさまざまな、そして逆説的なイメージを人々に持たせる。それが古今の画家や作家の想像力を刺激し、多くの作品を生み出す原動力となってきた。同じく身近な動物である犬が猫と異なるのは、感情を隠すことなく表に晒して、人間にできるだけ近づこうとすることだ。我々が犬に抱くイメージは、猫のようなあだっぽさとは無縁だ。そのため、犬は文学に登場するときも、幻想的、象徴的というより、現実的な存在として描かれることが多い。その点、猫の扱われ方は実にバリエーション豊かと言える。

穏やかなペットから(『フロイライン・シュバルツ』の猫)、優雅な貴族(オーノワ夫人の『白猫』)、小賢しいトリックスター(長靴をはいた猫)、たくましい男の同志(『夏への扉』のピート)、冷酷な殺し屋(スタージョン『ふわふわちゃん』)、享楽的な太っちょ(ガーフィールド)、冷徹な自信家(『トバモリー』の雄猫)、楽しい冒険をもたらすもの(スース博士『帽子をかぶった猫』)、人間の罪を裁く復讐者(ポーの『黒猫』)まで、多種多様なのである。

スタンレーヌによる素描『猫と蛙（The Cat and the Frog）』（1884年）。愛嬌ある仕草。

猫の歴史年表

TIMELINE OF THE CAT

200万年前	イエネコの祖先と考えらるリビアヤマネコを亜種に含むヨーロッパヤマネコが現われる。
紀元前2000年	エジプトで猫を意味する「ミウ」という語の最初の記録が残される。この頃にはすでにエジプトで猫が飼われていたと考えられる。
紀元前1450年頃	エジプトで墓所の壁画に猫が、よく描かれるようになる。
紀元前950年頃	エジプトで猫の姿をした女神バステトが、一地方の神から、国の神として祭られるようになる。
500年	インドの動物寓話集『パンチャタントラ』に、猫が登場する。
9世紀	猫への愛情を綴った最初の文書として、アイルランドで修道士が詩「白猫パンガー」を書く。
10世紀	ウェールズの王子ハウェル・ダーが、猫の金銭的価値を定める。ネズミ対策用の動物としての値段だった。
1559年	エリザベス1世の戴冠の際、演出として、法王をかたどった人形に猫が詰め込まれ、生きたまま焼かれる。
1620年	入植者によって、アメリカにはじめてイエネコが持ち込まれる。
1879～80年	ヴィクトリア女王が、英国動物愛護協会の授与する女王メダルのデザインに猫が入っていないのは不当だと主張。自らの手で猫をデザインする。
1871年	ロンドンの水晶宮で、はじめてのキャットショーが開催される。
1895年	ニューヨークのマディソン・スクエア・ガーデンで、アメリカ初のキャットショーが行われる。
1899年	アメリカの経済学者ヴェブレンが、成金趣味ではないペットとして、猫のことを肯定的に述べる。
1906年	アメリカで猫の血統を管理する団体ACFAが発足。

紀元前5世紀
ギリシャの歴史学者ヘロドトスが、エジプトで見た飼い猫のことを記す。

紀元前4世紀
アリストテレスが「雌猫は生まれつき好色」だと記す。

紀元前200年～紀元400年
中国に猫がもたらされたのは、この頃と考えられている。

350年
猫を指す「カットス（catus）」という語が、最初にローマの著述家パラディウスの書いた農業の論文のなかで記録される。

4世紀
この頃にはイエネコがイギリスに上陸。

1713年
イギリスの詩人ポープが、『人間論』で猫への虐待を批判する。

1727年
猫について特化した最初の本『猫の歴史』が、作家モンクリフによって書かれる。

1749～67年
フランスの博物学者ビュフォンが、『博物誌』の中で猫を不実な動物として非難する。

1821年
イギリス議会で、馬の虐待を防止する法案が提出されたが、否決。ある議員は「そんな法律が必要なら猫にも適用したらよい」と冗談を言う。

1832年
エドワード・ブルワー＝リットンの小説『聖人か盗賊か』で、猫に重要な役割が与えられる。

1910年
イギリスで猫の血統管理団体が1つにまとめられ、GCCFとなる。

1916年
アメリカの鳥類学者E・H・フォーブッシュが、鳥を殺す動物として猫を公式に非難する。

1981年
アンドリュー・ロイド＝ウェバーのミュージカル『キャッツ』が、センセーショナルな成功を収める。

1993年
アメリカで飼い猫の数がはじめて飼い犬を上回る。

1995年
イギリスで飼い猫の数がはじめて飼い犬を上回る。

謝辞

最初に、アメリカ国会図書館の大閲覧室およびアジア部、また、スミソニアン博物館のアーサー・M・サックラー・ギャラリーの、博識の司書のみなさんに感謝申し上げます。私の疑問にも我慢強く付き合ってくださり、貴重な資料を提供してくださいました。特に、アジア部で私の目をタイの『猫詩集』に導いてくださった、愛猫家仲間でもあるシリカーニャ・B・シェーファーさんには大変感謝しています。加えて、私が猫を研究するきっかけをつくってくださったピエール・コミゾーリ博士とクリスティナ・ナーフストロム博士にもお礼申し上げます。

本書にはたくさんの絵図を掲載することができましたが、これは夫のケネスが撮影してくれたものです。こんな立派な本ができあがったのは、彼の援助と技術のおかげです。

関連ウェブサイト

[AMERICAN ASSOCIATION FOR LABORATORY ANIMAL SCIENCE] http://www.aalas.org

アメリカ実験動物学会。実験が動物、人間のどちらにも益するよう、
理非をわきまえた動物の使用を呼びかけている。

[AMERICAN ASSOCIATION OF FELINE PRACTITIONERS] http://www.aafponline.org

猫の治療の水準向上を目的とした、獣医と、獣医学を学ぶ学生の団体。
知識の共有、教育の機会の提供、猫の医学への意識向上に取り組む。

[AMERICAN HUMANE ASSOCIATION] http://www.americanhumane.org

アメリカ人道協会。アメリカ動物虐待防止協会（American Society for Prevention of Cruelty to Animals）、
米国動物愛護協会（Humane Society of the United States）とともに、猫を含む動物の福祉に取り組む。

[CAT FANCIER'S ASSOCIATION] http://www.cfainc.org

登録制度により、猫の血統を維持、管理する団体（ACFA）。アメリカでのキャットショーも主催する。
また、基金（Winn Feline Foundation）に資金援助を行い、猫の健康向上にも取り組んでいる。
ウェブサイトでは、ショーに関する情報や、猫の交配の仕方を、入賞した猫の写真とともに掲載。
また、猫に関する法的問題についてCFA自身の立場を明らかにするとともに、同基金による
研究報告や、猫についての通説は正しいのか、といった項目も掲載し、猫の福祉向上の一翼を担う。

[CATS INTERNATIONAL] http://www.catsinternational.org

ペットとしての猫の理解向上に努める。ウェブサイトでは、猫の心理や問題行動にまつわる
有益な情報を多数掲載。Behavior Hotlineという電話相談窓口も設けている。

[CATS PROTECTION] http://www.cats.org.uk

イギリス最大の猫の保護団体。猫の保護センターから、里親を募集している。
猫の世話の仕方や飼い主の責任についての教材を作成し、ウェブサイトにも掲載。
その他、猫の健康や飼い方についての記事もダウンロードできる。写真も多く使っているほか、
楽しく読めるよう工夫も凝らされている。

[CAT WRITER'S ASSOCIATION, INC.] http://www.catwriters.org

猫のことを書く作家たちの団体。会報やメーリングリスト、
作品コンテストの開催などで猫文学の隆盛を図る。

[GOVERNING COUNCIL OF THE CAT FANCY]
http://ourworld.compuserve.com/homepages/GCCF__CATS

イギリスのキャットクラブが統一されてできた団体（GCCF）。猫を登録し、
キャットショーを主催して血統の維持、管理を行う。また、雑種猫の福祉活動や、
猫の医学的研究の助成も行っている。

『ミステリマガジン　1993年11月号No.431』早川書房、1993年、「白猫」ジョイス・キャロル・オーツ著、小尾芙佐訳

『デイヴィッド・コパーフィールド』チャールズ・ディケンズ著、岩塚裕子訳、岩波書店、2002年

『新編イソップ寓話』アーサー・ラッカム絵、川名澄訳、風媒社、2014年、「アプロディテと猫」

『完訳カンタベリー物語（下）』チョーサー著、桝井迪夫訳、岩波書店、1995年、「賄い方の話」

『死んだ猫の101の利用法』サイモン・ボンド著、二見書房、1981年

『猫語の教科書』ポール・ギャリコ著、灰島かり訳、筑摩書房、1995年

『ゾウの鼻が長いわけ：キプリングのなぜなぜ話』キプリング著、藤松玲子訳、岩波書店、2014年、「ネコが気ままに歩くわけ」

『猫文学大全』柳瀬尚紀訳編、河出書房、1990年、「トバモリー」

『一角獣・多角獣』シオドア・スタージョン著、小笠原豊樹訳、早川書房、2005年、「ふわふわちゃん」

『老女の深情け』ウィカーズ著、宇野利泰他訳、早川書房、2004年、「猫と老婆」

『新日本古典文学大系81　田舎荘子　当世下手談義　当世穴探し』岩波書店、1990年、「猫の妙術」

『猫好きに捧げるショート・ストーリーズ』M・J・ローゼン編、国書刊行会、1997年、「老女と猫」ドリス・レッシング著、大社俶子訳

『ソックス・売られていた子ネコ』ベバリー・クリアリー著、黒沢浩訳、文研出版／文研じゅべにーる、1984年

『ニューヨーク・猫物語』クリーブランド・エイモリー著、相原真理子訳、二見書房、1988年

『つむじ曲りな猫物語』クリーブランド・エイモリー、相原真理子訳、二見書房、1992年

『猫は手がかりを読む』リリアン・J・ブラウン著、羽田詩津子訳、早川書房、1988年

『猫はソファをかじる』リリアン・J・ブラウン著、羽田詩津子訳、早川書房、1989年

『猫は知っていた』二木悦子著、講談社、1957年

『袋鼠親爺の手練猫名簿』T・S・エリオット、柳瀬尚紀訳、評論社、2009年

2013年「一貴族への手紙」

『狐物語』鈴木覚訳、福本直之訳、原野昇訳、岩波書店、2002年

『S～Fマガジン　1972年1月号No.155』早川書房、1971年、「共謀者たち」ジェームズ・ホワイト著、風見潤訳

『さいごの戦い　ナルニア国物語7』C・S・ルイス著、瀬田貞二訳、岩波書店、2005年

『人間論』ポウプ著、上田勤訳、岩波文庫、1950年

『ケルト幻想物語』W・B・イエイツ編、井村君江編訳、筑摩書房、1987年、「オウニーとオウニー・ナ・ピーク」

『ウォルター・スコット邸訪問記』ワシントン・アーヴィング、齊藤昇訳、岩波書店、2006年

『ラヴクラフト全集1』H・P・ラヴクラフト著、大西尹明訳、東京創元社、1974年

『ラヴクラフト全集6』H・P・ラヴクラフト著、大滝啓裕訳、東京創元社、1989年

『黒猫／モルグ街の殺人』エドガー・アラン・ポー著、小川高義訳、光文社、2006年

『ゾラ・セレクション1』エミール・ゾラ著、宮下志朗訳、藤原書房、2004年、「テレーズ・ラカン」

『ペロー童話集』新倉朗子訳、岩波書店、1982年、「ねこ先生または長靴をはいた猫」

『愉しき夜：ヨーロッパ最古の昔話集』ジョヴァン・フランチェスコ・ストラパローラ著、長野徹訳、平凡社、2016年

『エセー 4』モンテーニュ著、宮下志朗訳、白水社、2010年、「レーモン・ズボンの弁護」

『聖人か盗賊か』リットン、原抱一庵訳、人間文化研究機構国文学研究資料館、平凡社、2015年

『ブロンテ全集8　アグネス・グレイ』アン・ブロンテ著、鮎沢乗光訳、みすず書房、1995年

『ブロンテ全集3、4　シャーリー（上、下）』シャーロット・ブロンテ著、都留信夫訳、みすず書房、1996年

『対訳　英米童謡集』河野一郎編訳、岩波書店、1998年、「3匹の子ネコたち」

『ねこネコねこの大パーティー：ニューヨークキャッツ3』エスター・アベリル著、佐藤亮一訳、旺文社ジュニア図書館、1979年

『ナナ』エミール・ゾラ著、川口篤訳、古賀照一訳、新潮社、2006年

『堀口大學全集　第3巻　詩訳Ⅱ』日本図書センター、2001年、「女と牝猫」ヴェルレーヌ著、堀口大學訳

『フロイト全集13』フロイト著、新宮一成・鷲田清一・道籏泰三・高田珠樹・須藤訓任編、岩波書店、2010年、115～151頁「ナルシシズムの導入にむけて」立木康介訳

『牝猫』コレット著、岩波書店、工藤庸子訳、1988年

(Garden City, ny, 1972)

New Yorker Book of Cat Cartoons, The (New York, 1990)

Oates, Joyce Carol, and Daniel Halperin, eds, The Sophisticated Cat (New York, 1992)

O'Neill, John P. Metropolitan Cats (New York, 1981)(『メトロポリタン美術館の猫たち』ジョン・P・オニール著、大木重雄訳、誠文堂新光社、1983年)

Parry, Michel, ed., Beware of the Cat: Stories of Feline Fantasy and Horror (New York, 1973)

Ritvo, Harriet, The Animal Estate: The English and Other Creatures in the Victorian Age (Cambridge, ma, 1987)(『階級としての動物：ヴィクトリア時代の英国人と動物たち』ハリエット・リトヴォ著、三好みゆき訳、国文社、2001年)

Rogers, Katharine M., The Cat and the Human Imagination: Feline Images from Bast to Garfield (Ann Arbor, 1998)

Sarton, May The Fur Person (New York, 1957)(『猫の紳士の物語』メイ・サートン著、武田尚子訳、みすず書房、1996年)

Seidensticker, John, and Susan Lumpkin. Cats: Smithsonian Answer Book (Washington, dc, 2004)

Thomas, Keith. Man and the Natural World: A History of the Modern Sensibility (New York, 1983)(『人間と自然界：近代イギリスにおける自然界の変遷』キース・トマス著、山内昶監訳、中島俊郎・山内彰訳、法政大学出版局、1989年)

Warren, Rosalind, ed., Kitty Libber: Cat Cartoons by Women (Freedom, ca, 1992)

Weir, Harrison, Our Cats and All about Them (Boston, 1889)

Whyte, Hamish, ed., The Scottish Cat (Aberdeen, 1987)

このほか、邦訳は以下の本を参考にしています。

『アジアの民話12　パンチャタントラ―五巻の書―』田中於菟弥訳、上村勝彦訳、大日本絵画、1980年

『イソップ寓話集』中務哲郎訳、岩波文庫、1999年、「猫と鼠」「猫のお医者と鶏」

『完訳　グリム童話集（一）』金田鬼一訳、岩波書店、1979年、「猫とねずみとお友だち」

『語るためのグリム童話1』小澤俊夫監訳、小澤昔ばなし研究所再話、2007年、「猫とねずみのともぐらし」

『バーク政治経済論集　保守主義の精神』エドマンド・バーク著、中野好之編訳、法政大学出版局、

参考文献

Aberconway, Christabel, ed., A Dictionary of Cat Lovers xv Century b.c.–xx Century a.d. (London, 1968)

Alpar-Ashton, Kathleen, ed., Histoires et Legendes du Chat (1973)

Bast, Felicity, ed., The Poetical Cat (New York, 1995)

Briggs, Katharine M., Nine Lives: The Folklore of Cats (New York, 1980)

Buffon, Georges Louis Leclerc, Natural History, General and Particular (1749–67), trans. William Smellie (London, 1791)

Byrne, Robert, and Teressa Skelton, eds, Cat Scan: All the Best from the Literature of Cats (New York, 1983)

Buisson, Dominique, Le Chat Vu par les Peintres: Inde, Coree, Chine, Japon (Lausanne, 1988)

Clutterbuck, Martin R. The Legend of Siamese Cats (Bangkok, 1998)

Foster, Dorothy, ed., In Praise of Cats (New York, 1974)

Foucart-Walter, Elizabeth, and Pierre Rosenberg, The Painted Cat: The Cat in Western Painting from the Fifteenth to the Twentieth Century (New York, 1988)

Holland, Barbara. The Name of the Cat (New York, 1988)

Leyhausen, Paul. Cat Behavior: The Predatory and Social Behavior of Domestic and Wild Cats, trans. Barbara A. Tonkin (New York,1979)（『猫の行動学』パウル・ライハウゼン著、今泉吉春・今泉みね子訳、丸善出版、2017年）

Malek, Jaromir, The Cat in Ancient Egypt (London, 1993)

Mivart, St, George, The Cat: An Introduction to the Study of Backboned Animals, Especially Mammals (New York, 1881)

Moncrif, Francois-Augustin Paradis de, Moncrif's Cats, trans. Reginald Bretnor (New York, 1965)

Necker, Claire, ed., Cats and Dogs (South Brunswick, nj, 1969) —, ed., Supernatural Cats

in Biomedical Research (www.ahsc.arizona.edu/uac/notes/classes/dogsbio01), Research Defence Society, www.vivisectioninfo.org/cat.html, www.marchofcrimes. com/facts.html; personal communications from Drs Kristina Narfstrom of the University of Missouri and Ralph Nelson of the National Institutes of Health.

＊2 Peter Singer, Animal Liberation: A New Ethics for Our Treatment of Animals (New York, 1975), pp. 52–3, 58–9.(『動物の解放』ピーター・シンガー著、戸田清訳、人文書院、2011年)

＊3 For uk statistics, www.scotland.gov.uk/library5/environment; for us statistics, http://www.petfoodinstitute.org/reference.

＊4 A. L. Rowse, A Quartet of Cornish Cats (London, 1986), pp. 30–32.

＊5 Christopher Smart, Collected Poems, ed. Norman Callan (London, 1949), vol. i, p. 313

＊6 Joanna Baillie, 'The Kitten', in Dorothy Foster, In Praise of Cats (New York, 1974), pp. 54–7.

＊7 Colette, Creatures Great and Small, trans. Enid McLeod (New York, 1951), p. 242.

＊8 Kenneth Lillington, ed., Nine Lives: An Anthology of Poetry and Prose Concerning Cats (London, 1977), p.108.

; 'Smith', in Claire Necker, ed., Supernatural Cats (Garden City, ny, 1972).

＊10 Oates and Halperin, Sophisticated Cat, p. xii.

＊11 Robert A. Heinlein, The Door into Summer (New York, 1957), pp. 42–3(『夏への扉』ロバート・A・ハインライン、小尾芙佐訳、早川書房、2009年)

＊12 John Dann MacDonald, The House Guests (Garden City, ny, 1965), pp. 178–9.

＊13 Dominique Buisson, Le Chat Vu par les Peintres: Inde, Coree, Chine, Japon (Lausanne, 1988), pp. 32–3; Daisetz T. Suzuki, Zen and Japanese Culture (New York, 1959), pp. 428–33. (『禅と日本文化』鈴木大拙著、北川桃雄訳、岩波書店、1964年)

＊14 Haruki Murakami, The Wind-Up Bird Chronicle (1994), trans. Jay Rubin (New York, 1997), 381–2, 430 (邦訳は『ねじまき鳥クロニクル　第3部　鳥刺し男編』村上春樹著、新潮社、1994年、81,151頁より引用)

＊15 Haruki Murakami, Kafka on the Shore (2002), trans. Philip Gabriel (New York, 2005), pp. 44, 45, 48, 71–3, 75, 88, 196–7. (邦訳は『海辺のカフカ 上』村上春樹著、新潮社、2000年、78頁より引用)

＊16 Hall's story in Radclyffe Hall, Miss Ogilvy Finds Herself (New York, 1934); Lessing's in Doris Lessing, Temptations of Jack Orkney and Other Stories (New York, 1972).

＊17 May Sarton, The Fur Person (New York, 1957), pp. 104–5. (『猫の紳士の物語』、メイ・サートン著、武田尚子訳、みすず書房、1996年)

＊18 Louise Patteson, Pussy Meow: The Autobiography of a Cat (Philadelphia, 1901), p. 106.

＊19 Robert Westall, Blitzcat (New York, 1989), pp. 7–8. (邦訳は『猫の帰還』ロバート・ウェストール著、坂崎麻子訳、徳間書店、1998年、16,17頁より引用)

6章

＊1 John Seidensticker and Susan Lumpkin, Cats: Smithsonian Answer Book (Washington, dc, 2004), p. 205; pro-research and antivivisectionist web sites: Foundation for Biomedical Research (www.fbresearch.org/education), University of Arizona course on Dogs and Cats

York, 1991), pp. 38, 107, 126 ; Robert Daphne, How to Kill Your Girlfriend's Cat (New York, 1988) is unpaged.

＊14 Paul Gallico, The Silent Miaow: A Manual for Kittens, Strays, and Homeless Cats (New York, 1964), pp. 38–40.（『猫語の教科書』ポール・ギャリコ著、灰島かり訳、筑摩書房、1995年）; Kinky Friedman, Greenwich Killing Time (New York, 1986), p. 122 ; Konrad Lorenz, Man Meets Dog (Baltimore, 1967), pp. 180–81.

5 章

＊1 Christabel Aberconway, A Dictionary of Cat Lovers xv Century b.c.–xx Century a.d. (London, 1968), p. 96

＊2 Claire Necker, ed., Cats and Dogs (South Brunswick, nj, 1969), pp. 146–8 ; Caroline Thomas Harnsberger, ed., Everyone's Mark Twain (South Brunswick, nj, 1972), pp. 68–9.

＊3 Rudyard Kipling, Just So Stories (1902) (New York, 1991), p. 105.

＊4 Seon Manley and Gogo Lewis, eds, Cat-Encounters: A Cat Lover's Anthology (New York, 1979), p. 70.

＊5 Beth Brown, ed., All Cats Go to Heaven: An Anthology of Stories about Cats (New York, 1960), p. 36.

＊6 Carter's story is in Joyce Carol Oates and Daniel Halperin, eds, The Sophisticated Cat (New York, 1992).（『血染めの部屋』アンジェラ・カーター著、富士川義之訳、筑摩書房、1992年、「長靴をはいた猫」）

＊7 Natsume Soseki, I Am a Cat: A Novel (1905–6), trans. Katsue Shibata and Motonari Kai (New York, 1961), pp. 106, 151, 183–4,245, 431.（『吾輩は猫である』夏目漱石著）

＊8 Robertson Davies, The Table Talk of Samuel Marchbanks (Toronto, 1949), p. 187; 'Tobermory' in The Short Stories of Saki (New York, 1930).

＊9 'Fluffy' is in Michel Parry, ed., Beware of the Cat: Stories of Feline Fantasy and Horror (New York, 1973) ; 'Miss Paisley's Cat', in Cynthia Manson, ed., Mystery Cats (New York, 1991)

4 章

*1 Kathleen Kete, The Beast in the Boudoir: Petkeeping in Nineteenth-Century Paris (Berkeley, ca, 1994), pp. 119–21.

*2 Emile Zola, Therese Raquin (1867), trans. George Holden (Harmondsworth, 1962), pp. 37–8.

*3 Verlaine's poem in Felicity Bast, ed., The Poetical Cat (New York, 1995)

*4 Lucas in Robert Byrne and Teressa Skelton, Cat Scan: All the Best from the Literature of Cats (New York, 1983), p. 59.

*5 Guy de Maupassant, Complete Short Stories (Garden City, ny, 1955), pp. 659–61. (邦訳は『モーパッサン全集 第3巻』ギイ・ド・モーパッサン著、春陽堂書店、1966年、303～308頁、「ネコについて」小林龍雄訳より引用)

*6 Sigmund Freud, 'On Narcissism: An Introduction' (1914), in Collected Papers (New York, 1959).

*7 Sylvia Townsend Warner, Lolly Willowes and Mr Fortune's Maggot (1926) (New York, 1966), p. 136.

*8 Joyce Carol Oates and Daniel Halperin, eds, The Sophisticated Cat (New York, 1992), pp. 208–9, 227.

*9 Maitland in Claire Necker, ed., Cats and Dogs (South Brunswick, nj, 1969), pp. 128–31, 139; Philip Hamerton, Chapters on Animals (Boston, 1882), pp. 47, 49, 51.

*10 Michael and Mollie Hardwick, eds, The Charles Dickens Encyclopedia (New York, 1973), p. 452.

*11 'mehitabel and her kittens'; both poems in Don Marquis, The Life and Times of Archy and Mehitabel (1927) (Garden City, ny, 1950), pp. 77–8, 216–17.

*12 Ambrose Bierce, The Collected Writings (New York, 1946), p. 388 (邦訳は『新編　悪魔の辞典』ビアス著、西川正身訳、岩波書店 、1997年、47, 48頁より引用); Jung in Barbara Hannah, The Cat, Dog, and Horse Lectures (Wilmette, il, 1992), p. 64.

*13 Jeff Reid, Cat-Dependent No More! Learning to Live Cat-Free in a Cat-Filled World (New

ハーディ著、森松健介訳、中央大学出版部、1995年、「物言わぬ友への告別の言葉」210頁より引用)

*9 Aberconway, Dictionary, pp. 249–50, 372; Theophile Gautier, Complete Works, trans. and ed. F. C. De Sumichrast (London, 1909), pp. 289–92.

*10 Joyce Carol Oates and Daniel Halperin, The Sophisticated Cat (New York, 1992), pp. 360–61.

*11 The Gospel of the Holy Twelve, trans. by A Disciple of the Master (Issued by the Order of At-One-Ment, n.d.), note to ch. 4, verse 4.

*12 Toni Morrison, The Bluest Eye (New York, 1970), p. 70. (『青い眼が欲しい』トニ・モリソン著、大社淑子訳、早川書房、2001年)

*13 Brian Reade, Louis Wain (London, 1972), p. 5.

*14 Paul Gallico, Honorable Cat (New York, 1972), p. 7 (『猫語のノート』ポール・ギャリコ著、灰島かり訳、筑摩書房、2016年); Winifred Carriere, Cats Twenty-Four Hours a Day (New York, 1967), p. 8 ; The Warner story is in Beth Brown, ed., All Cats Go to Heaven: An Anthology of Stories about Cats (New York, 1960) ; Susan DeVore Williams, ed., Cats: The Love They Give Us (Old Tappan, nj, 1988) ; Paul Corey, Do Cats Think? (Secaucus, nj, 1977), p.10.

*15 Kathleen Kete, The Beast in the Boudoir: Petkeeping in Nineteenth-Century Paris (Berkeley, ca, 1994), pp.127–8.

*16 Official websites of the American Cat Fanciers' Association and the Governing Council of the Cat Fancy ; Harrison Weir, Our Cats and All about Them (Boston, 1889), p. 5 ; Gordon Stables, Cats: Handbook to Their Classification and Diseases (1876) (London, 1897), pp. 8–9, 13–14, 29–30 ; Elizabeth Hamilton, Cats: A Celebration (New York, 1979), p. 117.

*17 Ibid.

3 章

＊1 'Pangur Ban' in Felicity Bast, ed., The Poetical Cat (New York, 1995), pp. 28–9 ; epitaph on Belaud in Dorothy Foster, ed., In Praise of Cats (New York, 1974), pp. 115–17; Michel Eyquem de Montaigne, 'Apology of Raymond Sebond' (1580), Essays, trans. John Florio (London, 1946), vol. ii, p. 142.

＊2 Marie d'Aulnoy, Les Contes des fees (Paris, 1881), vol. ii, p. 101. 'The Little White Cat' is in Kathleen Alpar-Ashton, ed., Histoires et Legendes du Chat (1973).

＊3 Christabel Aberconway, A Dictionary of Cat Lovers xv Century b.c.–xx Century a.d. (London, 1968), pp.124, 138–9 ; Leonora Rosenfield, From Beast-Machine to Man-Machine (New York, 1941),pp. 161–4 ; Francois-Augustin Paradis de Moncrif, Moncrif's Cats, trans. Reginald Bretnor (New York, 1965), pp. 130–35 ; Horace Walpole, Correspondence, ed. W. S. Lewis (New Haven, 1937–83), vol. xii, p. 121, vol. xxxi, p. 54.

＊4 Richard Steele, The Tatler, ed. Donald F. Bond (Oxford, 1987), vol. ii, p. 177 ; Delille in Aberconway, Dictionary, p. 119; Stuart Piggott, William Stukeley, an Eighteenth-Century Antiquarian (London, 1985), p. 124 ; Christopher Smart, Collected Poems, ed. Norman Callan (London, 1949), vol. i, pp. 312–13.

＊5 James Boswell, Life of Johnson, ed. R. W. Chapman (London, 1953), p. 1217.（邦訳は『サミュエル・ジョンソン伝 3』J・ボズウェル著、中野好之訳、みすず書房、1983年、231頁より引用）

＊6 James Boswell, Boswell on the Grand Tour: Germany and Switzerland, ed. Frederick A. Pottle (New York, 1953), p. 261.

＊7 Georges Louis Leclerc Buffon, Natural History, General and Particular (1749–67), trans. William Smellie (London, 1791), vol. iv, pp. 2–4, 49–50, 52–3.（『ビュフォンの博物誌』、ジョルジュ・ルイ・ルクレール・ビュフォン著、ベカエール直美訳、荒俣宏監修、工作舎、1991年）

＊8 'Poor Matthias', in Poets of the English Language, ed. W. H. Auden and Norman Holmes Pearson (London, 1952), vol. v, p. 247 ; Aberconway, Dictionary, p. 22 ; Charles Dudley Warner, The Writings (Hartford, 1904), pp. 127–8 ; Thomas Hardy, Selected Poems, ed. G. M. Young (London, 1950), p. 140.（邦訳は『トマス・ハーディ全詩集Ⅱ 後期4集』トマス・

＊16 Charles Pierre Baudelaire, Oeuvres completes, preface by Theophile Gautier (Paris, 1868), vol. i, pp. 33–5.（邦訳は『ボードレール』ゴーチエ、井村実名子訳、国書刊行会、2011年、46頁より引用）

＊17 H. P. Lovecraft, Something about Cats and Other Pieces, ed. August Derleth (Sauk City, wi, 1949), pp. 4, 8.

＊18 Poe, Works, p. 859.

＊19 Charles Dickens, Bleak House (1853) (New York, 1977), p. 130.（『荒涼館』チャールズ・ディケンズ著、佐々木徹訳、岩波書店、2017年）

＊20 Charles Dickens, Dombey and Son (1848) (London, 1899), vol. ii, p. 40.（『ドンビー父子』チャールズ・ディケンズ著、田辺洋子訳、こびあん書房、2000年）

＊21 Emile Zola, Therese Raquin (1867), trans. George Holden (Harmondsworth, 1962), pp. 68–9, 166.

＊22 Judy Fireman, ed., Cat Catalog: The Ultimate Cat Book (New York, 1976), p. 40 ; Fred Gettings, The Secret Lore of the Cat (New York, 1989), pp. 74–6（『猫の不思議な物語』フレッド・ゲティングズ著、松田幸雄、鶴田文訳、青土社、1993年）; David Greene, Your Incredible Cat: Understanding the Secret Powers of Your Pet (Garden City, ny, 1986), pp. 48–50.

＊23 Alpar-Ashton, Histoires et Legendes, pp. 140–42.

＊24 Briggs, Nine Lives, pp. 17–18.（『猫のフォークロア―民族・伝説・伝承文学の猫』キャサリン・M・ブリッグズ著、アン・ヘリング訳、誠文堂新光社、1983年）

＊25 In Alpar-Ashton, Histoires et Legendes.

＊26 Iona and Peter Opie, eds, The Classic Fairy Tales (London, 1974),p. 113 ; Jacob Grimm, Teutonic Mythology, trans. James Steven Stallybrass (New York, 1966), vol. ii, p. 503.

＊27 Alan Pate, 'Maneki Neko, Feline Fact and Fiction', Daruma: Japanese Art and Antiques Magazine, xi (Summer 1996), pp. 27–9.

＊28 Buisson, Le Chat, p. 11.

＊29 Martin R. Clutterbuck, The Legend of Siamese Cats (Bangkok, 1998), pp. 29, 53.

＊30 Stories of Usugomo and of the cat who helped the fishmonger in Pate, 'Maneki Neko'; 'The Boy Who Drew Cats' in Hearn, Japanese Fairy Tales ; story of Okesa in Juliet Piggott, ed., Japanese Mythology (New York, 1969) ; Thai story told me by Ms Sirikanya B. Schaeffer.

North and South (Harmondsworth, 1970), p. 477.(『ギャスケル全集 4 北と南』エリザベス・ギャスケル著、日本ギャスケル協会監、朝日千尺訳、大阪教育図書、2004年)

＊3 In Katharine M. Briggs, Nine Lives: The Folklore of Cats (New York, 1980). (『猫のフォークロア―民族・伝説・伝承文学の猫』キャサリン・M・ブリッグズ著、アン・ヘリング訳、誠文堂新光社、1983年)

＊4 Robbins, Encyclopedia, pp. 89–91.(『悪魔学大全』ロッセル・ホープ・ロビンズ著、松田和也訳、青土社、2009年)

＊5 George Lyman Kittredge, Witchcraft in Old and New England (New York, 1958), p. 177; John Putnam Demos, Entertaining Satan: Witchcraft and Culture in Early New England (Oxford, 1982), pp. 141, 147.

＊6 In Claire Necker, ed., Supernatural Cats (Garden City, ny, 1972).

＊7 In F. Hadland Davis, Myths and Legends of Japan (Singapore, 1989), pp. 265–8.

＊8 Dominique Buisson, Le Chat Vu par les Peintres: Inde, Coree, Chine, Japon (Lausanne, 1988), pp. 114–17.

＊9 In Lafcadio Hearn, Japanese Fairy Tales (New York, 1953).

＊10 Kathleen Alpar-Ashton, ed., Histoires et Legendes du Chat (1973), pp. 25, 41–2. The story of Jean Foucault is in Alpar-Ashton ; 'Owney' is in William Butler Yeats, ed., Fairy and Folk Tales of Ireland (New York, 1973). (『ケルト幻想物語』W・B・イエイツ編、井村君江編訳、ちくま書房、1987年、「オウニーとオウニー・ナ・ピーク」)

＊11 John Seidensticker and Susan Lumpkin, Cats: Smithsonian Answer Book (Washington, dc, 2004), p. 189; Ambroise Pare, Collected Works, trans. Thomas Johnson (New York, 1968), p. 804.

＊12 Edward Topsell, The History of Four-Footed Beasts and Serpents and Insects (New York, 1967), vol. i, pp. 81, 83.

＊13 Joseph Addison, The Spectator, ed. G. Gregory Smith, Number 117 (London, 1950), vol. i, p. 357.

＊14 Scott in Robert Byrne and Teressa Skelton, Cat Scan: All the Best from the Literature of Cats (New York, 1983), p. 46

＊15 Edgar Allan Poe,'Instinct vs. Reason', in Collected Works, ed. Thomas Ollive Mabbott (Cambridge, ma, 1978), p. 479.

*21 Thomas Aquinas, Summa Theologica (1265–74), trans. Laurence Shapcote (Chicago, 1990), vol. ii, pp. 297, 502–3（『神学大全』トマス・アクィナス著、高田三郎・村上武子・稲垣良典訳、創文社、1977年～）; Rene Descartes, Discourse on Method (1637), ed. and trans. Paul J. Olscamp (Indianapolis, 1965), p. 121（『方法序説』デカルト著、谷川多佳子訳、岩波書店、1997年）; letters to Mersenne, Oeuvres, ed. Charles Adam and Paul Tannery (Paris, 1899), vol. iii, p. 85.

*22 Karen Armstrong, Muhammad: A Biography of the Prophet (San Francisco, 1992), p. 231（『ムハンマド—世界を変えた予言者の生涯』カレン・アームストロング著、徳永理砂訳、国書刊行会、2016年）; Sahih Bukhari 1.12.712 ; Sunan Abu-Dawud 1.75, 1.76 (from website www.usc.edu/dept/MSA/reference/searchhadith) ; Annemarie Schimmel's introduction to Lorraine Chittock, Cats of Cairo: Egypt's Enduring Legacy (New York, 1999),pp. 6–7, 63.

*23 Guardian, no. 61 (1713), in Alexander Pope, Works, ed. Whitwell Elwin and William John Courthope (New York, 1967), vol. x, p. 516.

*24 Edward Moore, Fables for the Ladies (1744) (Haverhill, 1805), p. 31.

*25 St George Mivart, The Cat: An Introduction to the Study of Backboned Animals, Especially Mammals (New York, 1881), p. 1 ; Thorstein Veblen, Theory of the Leisure Class (1899), in Claire Necker, ed., Cats and Dogs (South Brunswick, nj, 1969), pp. 293–4（『有閑階級の理論』ソースティン・ヴェブレン著、高哲男訳、講談社、2015年）; Edward G. Fairholme and Wellesley Pain, A Century of Work for Animals: The History of the rspca, 1824–1924 (London, 1924), pp. 94–5.

2章

*1 Joyce Carol Oates and Daniel Halperin, eds, The Sophisticated Cat (New York, 1992), p. 244.（『血染めの部屋』アンジェラ・カーター著、富士川義之訳、筑摩書房、1992年、「長靴をはいた猫」）

*2 Russell Hope Robbins, The Encyclopedia of Witchcraft and Demonology (New York, 1963), p. 489（『悪魔学大全』ロッセル・ホープ・ロビンズ著、松田和也訳、青土社、2009年）; Hamish Whyte, ed., The Scottish Cat (Aberdeen, 1987), pp. 51–3 ; Elizabeth Gaskell,

Daneshvari, Animal Symbolism in Warqa Wa Gulshah (Oxford, 1986), pp. 36,39–40.

*9 Chang Tsu, 'The Empress's Cat', Wang Chih, 'Chang Tuan's Cats',in Felicity Bast, ed., The Poetical Cat (New York, 1995), pp. 21, 87.

*10 'Cats', 'Sarashina nikki', Kodansha Encyclopedia of Japan (1983), vol. i, p. 251, vol. vii, p. 21 (『新版　更級日記　全訳注』関根慶子訳、講談社学術文庫、2015年); Murasaki Shikibu, The Tale of Genji, trans. Arthur Waley (New York, 1960), pp. 647, 648. (『ウェイリー版源氏物語3』紫式部著、アーサー・ウェイリー英語訳、佐復秀樹日本語訳、平凡社、2009年)

*11 Martin R. Clutterbuck, The Legend of Siamese Cats (Bangkok, 1998), p. 57.

*12 Ancient Laws and Institutes of Wales; comprising Laws supposed to be enacted by Howel the Good (1841), pp. 135–6, 355.

*13 Dominique Buisson, Le Chat Vu par les Peintres: Inde, Coree, Chine, Japon (Lausanne, 1988), p. 32.

*14 Aesop, Fables, trans S. A. Handford (Harmondsworth, 1964); Pancatantra, The Book of India's Folk Wisdom, trans. Patrick Olivelle (Oxford, 1977), Bk iii, Sub-story 2.2.

*15 In Joyce Carol Oates and Daniel Halperin, eds, The Sophisticated Cat (New York, 1992).

*16 In Frank Brady and Martin Price, eds, English Prose and Poetry 1660–1800 (New York, 1961), p. 537.

*17 In Claire Necker, ed., Supernatural Cats (Garden City, ny, 1972).

*18 Geoffrey Chaucer, The Poetical Works, ed. F. N. Robinson (Boston, 1933), p. 113 (『完訳 カンタベリー物語』チョーサー著、桝井迪夫訳、岩波書店1995年、「召喚吏の話」); Bartholomew Anglicus, Medieval Lore ... Gleanings from the Encyclopedia of Bartholomew Anglicus (c. 1250), ed. Robert Steele (London, 1893), pp. 134–5; G. R. Owst, Literature and Pulpit in Medieval England (Oxford, 1966), p. 389.

*19 William Shakespeare, The Merchant of Venice, iv.i.55 (『新訳　ヴェニスの商人』シェイクスピア著、河合祥一朗訳、角川書店、2005年), Much Ado about Nothing, i.i.254–5 (『新訳　から騒ぎ』シェイクスピア著、河合祥一朗訳、角川書店、2015年), A Midsummer Night's Dream, iii.ii.259 (『新訳　夏の夜の夢』シェイクスピア著、河合祥一朗訳、角川書店、2013年) ,The Rape of Lucrece, 554–5, Macbeth, i.vii.44–5 (『新訳　マクベス』シェイクスピア著、河合祥一朗訳、角川書店、2009年).

*20 D. R. Guttery, The Great Civil War in Midland Parishes: The People Pay (Birmingham, 1951), p. 38; A. Gibbons, Ely Episcopal Records (Lincoln, 1891), p. 88.

原注

Ⅰ章

＊1 Robert Darnton, The Great Cat Massacre and Other Episodes in French Cultural History (New York, 1985), p. 103.（『猫の大虐殺』ロバート・ダーントン著、海保眞夫・鷲見洋一訳、岩波書店、1990年）

＊2 David Alderton, Wild Cats of the World (New York, 1998), pp.78,84–5 ; Alan Turner, The Big Cats and Their Fossil Relatives: An Illustrated Guide to Their Evolution and Natural History (New York,1997), pp. 25–6,30,34,36,99,106 ; R. F. Ewer, The Carnivores (Ithaca, ny, 1973), pp. 360–1,374,375.

＊3 John Seidensticker and Susan Lumpkin, Cats: Smithsonian Answer Book (Washington, dc, 2004), pp. 8,15,17,20–1,131–3 ; Ewer, Carnivores, p. 57 ; Paul Leyhausen in Grzimek's Encyclopedia of Mammals (New York, 1990), vol. iii, pp. 576, 580.

＊4 Roger Tabor, The Wildlife of the Domestic Cat (London, 1983), p. 191 ; Seidensticker and Lumpkin, Cats, p. 182.

＊5 Aristotle, Historia Animalium (4th century bc), trans. A. L. Peck (Cambridge, ma, 1965), vol. ii, pp. 103, 105.

＊6 Plutarch,'Isis and Osiris', in Moralia, trans. Frank Cole Babbitt (Cambridge, ma, 1957), vol. v, pp. 149–51 ; Claire Necker, The Natural History of Cats (South Brunswick, nj, 1970), p. 82.

＊7 Pliny the Elder, Natural History (1st century ad), trans. H. Rackham (Cambridge, ma, 1956), vol. viii, p. 223（『プリニウスの博物誌Ⅲ』プリニウス著、中野定雄他訳、雄山閣、1986年）; Palladius, The Fourteen Books of Palladius Rutilius Taurus Aemilianus, on Agriculture, trans. T. Owen (London, 1807), p. 162.

＊8 'Cat', in Encyclopedia Iranica (1992), vol. v, p. 74 ; Shah-nama of Firdaosi, trans. Bahman Sohrab Surti (Secunderabad, Andrah Pradesh, India, 1988), vol. vii, pp. 1560–63（『王書―古代ペルシャの神話・伝説』フェルドウスィー著、岡田恵美子訳、岩波文庫、1999年）; Abbas

本書では、以下の資料から絵図を使用させていただいた。

また、多くの方に図の複製を許諾いただいた。著者とともに、出版社としても感謝申し上げたい。

（スペースの都合上、本文中で出典を示せなかったものについても、以下に記しておく）

Photo © 2006 Artists Rights Society (ars) New York/adagp, Paris: p. 145; Bayerische Staatsgemaldesammlungen, Munich: p. 43; Bibliotheque Nationale de France, Paris: pp. 27, 104 (Departement des Estampes et Photographie), 134; British Library, London: pp. 35 (Add. mss 42130, fol. 190r); British Library, London (Add. mss 11283, fol. 15r); British Museum, London: p. 2 (口絵); Buffon, l'Histoire Naturelle (vol. xxiv): p. 100; The Corcoran Gallery of Art, Washington, dc: p. 12 (口絵) (Museum Purchase, William A. Clark Fund 23.4); J. Paul Getty Museum, Los Angeles, California: p. 8 (口絵) (84. pa.665); Graphische Sammlung Albertina, Vienna: p. 152; photo © 1994 by Herblock in The Washington Post, p. 197 top (Herb Block Foundation); photo Bob Koestler, Saroko Cattery: p. 131 top; Library of Congress, Washington, dc: p. 7 (口絵) (courtesy of the Asian Division), 83 (photo T.W. Ingersoll, Prints and Photographs Division, lc-usz-62-100476), 114 top (Prints and Photographs Division, lc-uszc4-11932), 114 foot (Prints and Photographs Division, Theatrical Poster Collection, lc-usz6-441), 10 (口絵) (Prints and Photographs Division, lc-uszc4-5166), 120 (Prints and Photographs Division, lc-uszc62-93145), 155 (Prints and Photographs Division, Theatrical Poster Collection, lc-uszc4-12408-12410), 13 (口絵) (Prints and Photographs Division, lc-uszc4-3063), 177 (Prints and Photographs Division, lc-uszc4-10141), 14 (口絵) left (Prints and Photographs Division, lc-uszc4-11928), 198 (Prints and Photographs Division, lc-dig-ppmsca-09480); photo The Mark Twain House & Museum, Hartford, Connecticut: p. 103 foot; Metropolitan Museum of Art, New York: pp. 18 left, 41; The Minneapolis Institute of Arts: p. 50 (gift of Dr Roger L. Anderson in memory of Agnes Lynch Anderson); Musee des Arts Decoratifs, Paris: p. 66; Musee des Beaux-Arts, Rouen: p. 189; Museo di Capodimonte, Naples: p. 5 (口絵); Museum Meermanno, The Hague (Ms mmw10 b 25, f. 24v): p. 64; National Palace Museum, Taipei: pp. 23, 25, p. 3 (口絵); Palazzo Pubblico, Siena: p. 35; photos Rex Features: pp. 29 left (© Collection Roger-Viollet, rv-747988), 59 (© Collection Roger-Viollet, rvb-04574 ekta), 66 (Collection Roger-Viollet, © Harlingue/Roger-Viollet, hrl-643814), 139 (© Colection Roger-Viollet, rv-932574), 189 (© Collection Roger-Viollet, rvb-00154), 197 foot (Rex Features/Donald Cooper, 85432c), 203 top (Rex Features/snap, 390886lc), 203 foot (Rex Features/snap, 390895di); Royal Library, Windsor Castle: p. 1 (口絵); Shelburne Museum, Vermont: p. 113; Smithsonian American Art Museum, Washington, dc: p. 144 (bequest of Frank McClure); Tennyson Research Centre, Lincoln: p. 103 top (photo Lincolnshire County Council); photo Laura Thomas, Purrinlot Cattery: p. 131 foot; Walters Art Gallery, Baltimore, Maryland: p. 37.

｜著者｜

キャサリン・M・ロジャーズ

KATHARINE M. ROGERS

作家、編集者。ニューヨーク市立大学ブルックリン校
および大学院センター名誉教授。
18～19世紀の英文学を研究。
退官後は動物や食物関連の多くの書籍を執筆する。

｜訳者｜

渡辺 智

SATOSHI WATANABE

1974年山口県生まれ。
広島大学大学院文学研究科博士課程前期修了（英語学英文学）。
訳書に『実は猫よりすごく賢い鳥の頭脳』（エクスナレッジ刊）がある。

猫の世界史

2018年3月28日　初版第1刷発行

｜著者｜
キャサリン・M・ロジャーズ

｜訳者｜
渡辺 智

｜発行者｜
澤井聖一

｜発行所｜
株式会社エクスナレッジ
〒106-0032　東京都港区六本木7-2-26
http://www.xknowledge.co.jp/
問合先
編集 TEL：03-3403-1381 FAX：03-3403-1345
info@xknowledge.co.jp
販売 TEL：03-3403-1321 FAX：03-3403-1829